Malattie ormonali

Peter Igaz

Malattie ormonali

Una guida pratica

Springer

Peter Igaz
Semmelweis University
Budapest, Hungary

ISBN 978-3-032-16513-8   ISBN 978-3-032-16514-5 (eBook)
https://doi.org/10.1007/978-3-032-16514-5

Prefazione

Il sistema ormonale (altrimenti noto come sistema endocrino) è uno dei sistemi regolatori più complessi del corpo. A causa del suo funzionamento sofisticato, possono verificarsi disturbi che portano a malattie. Le malattie ormonali sono molteplici e colpiscono molte persone. Come endocrinologo in attività da molti anni, mi trovo spesso a confrontarmi con domande dei miei pazienti riguardanti la loro malattia, ma purtroppo non c'è abbastanza tempo per discutere in dettaglio della loro malattia, della sua prognosi e del background per il trattamento. D'altra parte, circola una grande quantità di informazioni inaccurate sul web e nei media comunitari. Spero quindi che questo libro possa essereutile al lettore come fonte accreditata, e che molte delle domande che i lettori si pongono ricevano risposte.

Il volume è quindi strutturato in un formato di domande e risposte, e spero che questa struttura e le numerose caselle esplicative aiutino a facilitare la comprensione. Ho cercato di presentare in modo chiaro il funzionamento ben regolato e logico del sistema ormonale. Sono discussi, il funzionamento alterato del sistema ormonale, i sintomi e le problematiche di diagnosi e terapia evidenziando argomenti che sono importanti da un punto di vista pratico. Oltre a scrivere un libro di divulgazione scientifica, ho cercato di menzionare anche fatti interessanti.

Sono discusse sia malattie ormonali frequenti che rare, ma come esperto di malattie degli adulti, sono queste quelle principalmente presentate. Sono anche menzionati alcuni disturbi ormonali dell'infanzia. Il diabete mellito è trattato solo marginalmente (nel capitolo sulla resistenza all'insulina) poiché la sua discussione avrebbe bisogno di un libro a parte. Fortunatamente, ci sono già molti libri disponibili sul diabete.

Questo libro non mira certamente a sostituire l'opinione di esperti specialisti, né a promuovere l'autodiagnosi dei pazienti. È importante per me sottolineare che stabilire la diagnosi e trattare le malattie ormonali è un compito medico che può essere appreso solo attraverso molti anni di pratica. Questa esperienza non può essere riassunta in un libro di divulgazione scientifica, e nemmeno può essere il suo obiettivo.

A chi raccomando questo libro? In primo luogo, l'ho scritto per pazienti affetti da malattie ormonali, ma vale la pena leggerlo da chiunque sia interessato al mondo affascinante degli ormoni. Anche operatori sanitari e studenti di medicina potrebbero trovarlo utile, poiché il background delle malattie e la loro gestione sono presentati in modo facilmente comprensibile.

Le figure grafiche sono state realizzate dall'artista Ágnes Tünde Széphelyi sulla base delle mie istruzioni.

L'autore ringrazia il professor Massimo Mannelli (Università di Firenze) per il suo prezioso aiuto nella revisione e correzione della traduzione italiana del libro.

Peter Igaz

Competing Interests. The author has no competing interests to declare that are relevant to the content of this manuscript.

Sull'autore

Il Dr. Peter Igaz è professore ordinario di endocrinologia e medicina interna, e capo del Dipartimento di Endocrinologia presso il Dipartimento di Medicina Interna e Oncologia, Facoltà di Medicina, Università Semmelweis, Budapest, Ungheria. Ha terminato i suoi studi medici nel 1997 e ha iniziato a lavorare presso il 2° Dipartimento di Medicina Interna, dove è diventato direttore del dipartimento nel 2016. Il Dipartimento di Endocrinologia è stato fondato nel 2020, a seguito della riorganizzazione dei Dipartimenti di Medicina Interna. Il Dr. Igaz ha abilitazioni in medicina interna, endocrinologia e genetica clinica. Ha anche lauree in biologia e diritto. Il Dr. Igaz è attivo nella ricerca avendo sia un dottorato di ricerca che il titolo di Dottore di Scienze (DSc) rilasciato dall' Accademia Ungherese delle Scienze. La sua principale area di ricerca include le malattie surrenali e i tumori neuroendocrini. Ha partecipato a diverse collaborazioni internazionali. Sette studenti di dottorato hanno terminato i loro studi sotto la sua supervisione. Il Dr. Igaz ha scritto più di 190 articoli scientifici e ha curato tre libri sui temi dell'endocrinologia e della genetica (Figura dell'Autore). Parla in modo fluente Inglese, Tedesco e Francese.

Sommario

Elenco delle abbreviazioni utilizzate più comunemente

ACTH	ormone adrenocorticotropo, adrenocorticotropina (ormone che stimola la corteccia surrenale)
ADH	ormone antidiuretico
BMI	indice di massa corporea (body mass index)
CRH	ormone di rilascio della corticotropina (ormone che stimola l'ACTH)
FSH	ormone follicolo-stimolante
GH	ormone della crescita (growth hormone in inglese)
GLP-1	peptide 1 simile al glucagone (glucagon like peptide 1)
GnRH	ormone di rilascio delle gonadotropine
IGF-1	fattore di crescita simile all'insulina (insulin like growth factor 1)
LH	ormone luteinizzante
PCOS	sindrome dell'ovaio policistico
RM	risonanza magnetica
TC	tomografia computerizzata
TRH	ormone di rilascio della TSH
T3	3,5,3'-triiodotironina (ormone tiroideo)
T4	L-tiroxina, levotiroxina (ormone tiroideo)
TSH	ormone stimolante la tiroide

1

Introduzione alla biologia degli ormoni e alle malattie ormonali

1.1 Concetti generali

Cos'è un ormone?

Gli ormoni sono molecole segnale, presenti sia nelle piante che negli animali, che vengono trasportate e hanno effetti su organi e tessuti che possono essere lontani dai loro siti di produzione. Questo capitolo discute la loro produzione, le loro funzioni, la loro importanza nel corpo umano e le malattie a loro connesse. Negli animali e negli esseri umani, la circolazione sanguigna trasporta gli ormoni. L'ormone prodotto dall'organo o dalla cellula secernente ormoni entra nel sangue e viaggia verso cellule e tessuti bersaglio dove influisce sulle loro funzioni (ad es. crescita, proliferazione, metabolismo).

Cos'è il sistema endocrino?

Il sistema ormonale, noto altrimenti come sistema endocrino è uno dei sistemi più complessi del corpo. È composto da ghiandole endocrine e anche da singole cellule, tutte secernenti ormoni che influenzano molte differenti cellule e tessuti (Box 1.1) nel corpo. Il termine "endocrino" si riferisce al fatto che la ghiandola secerne (rilascia) i suoi prodotti nel flusso sanguigno e pertanto questi rimangono all'interno del corpo, a differenza delle ghiandole "esocrine" che secernono i loro prodotti verso le superfici del corpo. In questo senso, una superficie corporea non è solo la pelle, ma anche le superfici interne del corpo che rivestono le cavità come la mucosa del tratto digestivo. Le ghiandole esocrine includono le ghiandole sudoripare e diverse ghiandole del tratto digestivo come le ghiandole salivari e il pancreas esocrino. Il pancreas è un organo eccezionale che contiene sia parti esocrine che endocrine (Fig. 1.1). Il pancreas esocrino, più grande, secerne gli enzimi necessari per la digestione, mentre il pancreas endocrino produce ormoni

© The Author(s), under exclusive license to Springer Nature Switzerland AG 2026
P. Igaz, *Malattie ormonali*, https://doi.org/10.1007/978-3-032-16514-5_1

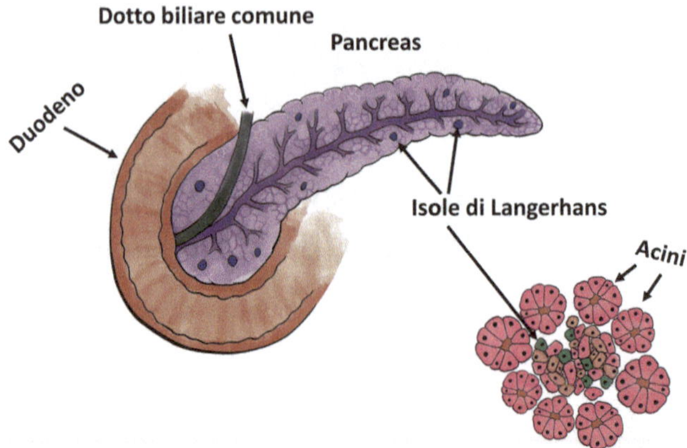

Fig. 1.1 Struttura del pancreas. La parte esocrina produce gli enzimi necessari per la digestione, mentre la parte endocrina molto più piccola è costituita dalle isole pancreatiche. Le cellule che producono insulina e altri ormoni (come il glucagone) si trovano nelle isole. La parte inferiore destra della figura mostra una veduta istologica schematica di un'isola pancreatica. I cosiddetti acini costituiscono la parte esocrina che circonda le cellule delle isole produttrici di ormoni

coinvolti nella regolazione del metabolismo, in particolare l'insulina. La parte esocrina è composta dagli "acini" che circondano le isole pancreatiche che rappresentano la parte endocrina della ghiandola. Anche la ghiandola surrenale è composta da due parti, la corteccia surrenale e la midollare surrenale, entrambe parti del sistema endocrino.

> **Box 1.1**
>
> Il termine **tessuto** si riferisce a una categoria di livello organizzativo tra la cellula e l'organo. È costituito da un gruppo di cellule funzionalmente e strutturalmente simili e un materiale (chiamato matrice extracellulare) tra queste. Esempi di tessuti includono il tessuto connettivo, il tessuto osseo ecc.

Quanti diversi ormoni sono conosciuti?

Negli esseri umani sono prodotti centinaia di ormoni diversi. Molti di questi regolano numerosi diversi processi, ma ci sono anche alcuni che sono legati a una singola o solo a poche funzioni. La sovrapproduzione o la carenza di relativamente pochi ormoni sono legate a malattie. Ci sono molti ormoni che non sono stati ancora associati a malattie.

Che tipo di processi sono regolati da ormoni?

Gli ormoni regolano diverse funzioni corporee come la crescita, il metabolismo (Box 1.2), la frequenza cardiaca, la regolazione della temperatura, la salute delle ossa, le reazioni allo stress ecc. Gli ormoni sono molto importanti nell'adattamento del corpo ai cambiamenti delle condizioni esterne (ambientali) e interne. Gli ormoni sono fondamentali per il mantenimento dell'equilibrio interno del corpo, chiamato omeostasi.

> **Box 1.2**
>
> Il **metabolismo** è una complessa rete di processi biochimici nel corpo che coinvolge il rilascio di energia dal cibo, la costruzione di grandi molecole da quelle semplici insieme alla loro degradazione, l'eliminazione dei prodotti di scarto ecc.

Di cosa sono composti gli ormoni?

Chimicamente, gli ormoni possono essere molecole a basso peso molecolare derivate da aminoacidi (come gli ormoni tiroidei o gli ormoni della midollare surrenale), steroidi (ad es. ormoni della corteccia surrenale, ormoni sessuali e vitamina D) e proteine composte da aminoacidi. Alcuni ormoni proteici sono grandi, composti da centinaia o migliaia di aminoacidi, anche costituiti da diverse subunità (come l'ormone stimolante la tiroide (TSH)). Le molecole composte da solo pochi aminoacidi (come l'ormone rilasciante TSH (TRH) composto da solo tre aminoacidi) sono chiamate peptidi.

Quali tipi di ghiandole endocrine sono conosciute?

Il sistema endocrino include diverse ghiandole, dove le cellule che producono ormoni si trovano associate in grandi quantità come l'ipofisi, la tiroide, le ghiandole paratiroidi, il pancreas endocrino, le ghiandole riproduttive (sessuali) (chiamate anche gonadi: ovaie e testicoli) e le surreni. L'ipofisi è un fondamentale regolatore di questo sistema, è in stretto contatto con l' ipotalamo (una parte del cervello) e regola le funzioni di tiroide, corteccia surrenale e ghiandole riproduttive. Le paratiroidi, il pancreas endocrino e la midollare surrenale, viceversa, non sono regolati dal sistema ipotalamico-ipofisario. Fig. 1.2 presenta una panoramica delle ghiandole endocrine.

Come funziona il sistema ipotalamico-ipofisario?

L'ipotalamo e l'ipofisi insieme formano un'unità, chiamata sistema ipotalamico-ipofisario. Gruppi di cellule nervose nell'ipotalamo (chiamati anche nuclei ipotalamici) producono ormoni che influenzano il rilascio di altri ormoni nel lobo anteriore dell'ipofisi. Pertanto, gli ormoni prodotti dall'ipotalamo sono chiamati ormoni rilascianti. Gli ormoni rilascianti di solito stimolano la secrezione della maggior parte degli ormoni dal lobo anteriore dell'ipofisi. Ad esempio, il TRH ipotalamico stimola il TSH ipofisario e quindi più TRH è presente, più TSH è rilasciato (presentato in dettaglio in Capitolo 3.1 sulla tiroide). L' ipofisi non è in grado di produrre ormoni da sola, ha bisogno dell'aiuto dell'ipotalamo. A differenza del lobo anteriore, il lobo posteriore dell' ipofisi immagazzina e rilascia solo gli ormoni prodotti dall' ipotalamo.

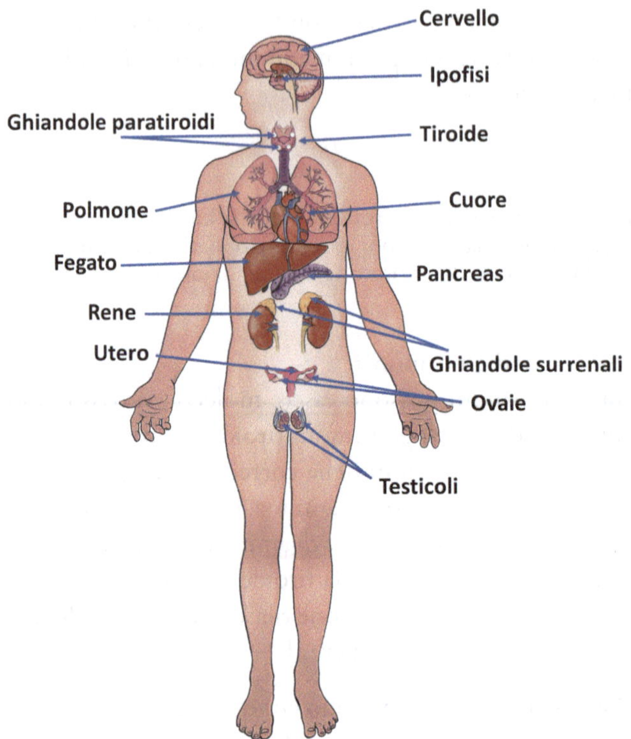

Fig. 1.2 Localizzazione schematica (anatomia) delle ghiandole endocrine. Andando verso il basso: L'ipofisi si trova alla base del cervello, sotto l'ipotalamo. La tiroide è sul collo, e le ghiandole paratiroidi, che solitamente sono quattro, si trovano dietro la tiroide. Il pancreas si trova sotto lo stomaco. Le due ghiandole surrenali si trovano sui poli superiori dei reni ma non fanno parte di questi organi. La figura mostra gli organi riproduttivi (gonadi: ovaie nelle donne e testicoli negli uomini) che sono responsabili della produzione di steroidi sessuali e anche delle cellule germinali necessarie per la riproduzione

Il sistema ipotalamico-ipofisario comporta una regolazione a feedback che è per lo più negativa, il che significa che l'ormone prodotto dalla ghiandola endocrina (tiroide, corteccia surrenale e gonadi) inibisce il rilascio dell'ormone ipotalamico rilasciante e pure dell'ormone ipofisario. Questo sistema garantisce la messa a punto fine del sistema e previene la sovrapproduzione dell'ormone (Fig. 1.3).

L'attività biologica degli ormoni e la loro regolazione sono presentate in dettaglio nei capitoli corrispondenti.

Esistono cellule produttrici di ormoni al di fuori delle ghiandole endocrine produttrici di ormoni?

Oltre a queste ghiandole, ci sono nel corpo diverse altre cellule produttrici di ormoni che non formano ghiandole individuali ma sono disperse in diversi tessuti. Le cellule neuroendocrine, che hanno caratteristiche sia delle cellule nervose che delle cellule produttrici di ormoni, si trovano diffusamente nel corpo, ad esempio

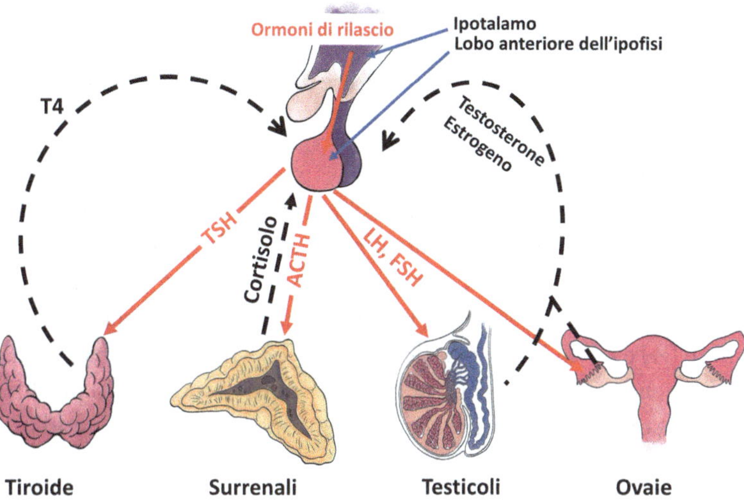

Fig. 1.3   Illustrazione schematica della regolazione del feedback nel sistema ipotala-mo-ipofisario. L'ipotalamo produce ormoni di rilascio che stimolano la secrezione di ormoni nel lobo anteriore dell'ipofisi. Gli ormoni ipofisari stimolano la produzione di ormoni e la crescita delle ghiandole regolate dal sistema ipotalamo-ipofisario, tra cui la tiroide, le surrenali, le ovaie e i testicoli (frecce rosse). Gli ormoni prodotti da questi organi, a loro volta, inibiscono per lo più la secrezione sia degli ormoni stimolanti ipotalamici che ipofisari attraverso la regolazione a feedback negativo (frecce nere tratteggiate). Questa regolazione a feedback consente una sintonizzazione fine del sistema ormonale. Se la produzione di ormoni della tiroide, delle surrenali, delle ovaie e dei testicoli è ridotta, la produzione degli ormoni stimolanti da parte dell'ipotalamo e dell'ipofisi aumenta e quindi il sistema cerca di compensare la diminuzione

nei polmoni o nel tratto digestivo. Queste cellule sono molto importanti, come le cellule neuroendocrine nella mucosa del tratto digestivo che producono or-moni che influenzano la fame, la sazietà, la produzione di insulina e diversi altri importanti processi.

Come vengono prodotti gli ormoni?

La produzione di ormoni è di solito un processo multistadio. L'ormone finale che ha attività biologica si forma dalla sostanza iniziale attraverso diverse rea-zioni biochimiche tramite diverse molecole precursore. Ad esempio, la bio-sintesi degli ormoni steroidei inizia con il colesterolo. Gli ormoni steroidei in grado di esercitare funzioni biologiche sono formati con l'aiuto di più enzimi diversi (Box 1.3).

Box 1.3

Un **enzima** è una proteina che aiuta ad accelerare e facilitare una particolare reazione biochimica. Un **precursore** è un composto che precede un altro nel pro-cesso di produzione (biosintesi).

Alcuni ormoni proteici si formano per scissione di una proteina più grande, come alcuni ormoni dell'ipofisi. Alcuni precursori ormonali possono anche avere attività biologica, e questi possono anche essere utilizzati nella diagnosi di malattie ormonali.

Cos'è l'ormone attivo?

L'ormone attivo è la forma dell'ormone che è in grado di esercitare attività biologica. Alcune delle molecole ormonali rilasciate dalle ghiandole produttrici di ormoni non sono ancora attive, e sono necessari ulteriori passaggi biochimici per la loro attivazione. Ad esempio, la ghiandola tiroidea rilascia principalmente L-tiroxina (T4) e meno 3,5,3'-triiodotironina (T3), ma solo T3 ha attività biologica. La T4 viene convertita in T3 nei tessuti. Molti passaggi nella produzione di ormoni attivi sono delicatamente regolati per consentire il migliore adattamento dell'organismo ai cambiamenti ambientali.

Come agiscono gli ormoni?

Gli ormoni agiscono principalmente legandosi a specifici recettori su o all'interno delle cellule bersaglio. I recettori sono di solito grandi proteine che possono collegare gli ormoni ai loro siti di legame. Il modello classico di legame ormone-recettore assomiglia a quello di una chiave e una serratura. I recettori possono essere espressi sulla membrana cellulare, come per gli ormoni proteici (recettori di membrana) o all'interno della cellula, come per gli ormoni steroidei (recettori intracellulari) (Fig. 1.4). Questo, tuttavia, non è assoluto, poiché ad esempio il recettore per l'ormone tiroideo che ha basso peso molecolare (T3) non è un recettore di membrana, ma è intracellulare.

Il legame degli ormoni attiva specifiche vie (trasduzione del segnale) (Box 1.4) che possono modificare l'espressione dei geni nel nucleo cellulare o indurre altri cambiamenti, come l'apertura o la chiusura dei canali di membrana modificando così le concentrazioni di ioni. I cambiamenti nell'espressione genica possono influenzare la proliferazione cellulare, la sintesi proteica, e molte altre diverse funzioni cellulari. I cambiamenti nel flusso di ioni (come calcio, sodio o potassio) sono coinvolti in diverse funzioni cellulari, ad esempio nel rilascio di ormoni e vescicole di membrana che si staccano dalla membrana cellulare.

Box 1.4

Trasduzione del segnale è il processo per cui il legame dell'ormone con il recettore provoca cambiamenti all'interno della cellula che risultano in modifiche della funzione cellulare come l'espressione genica.

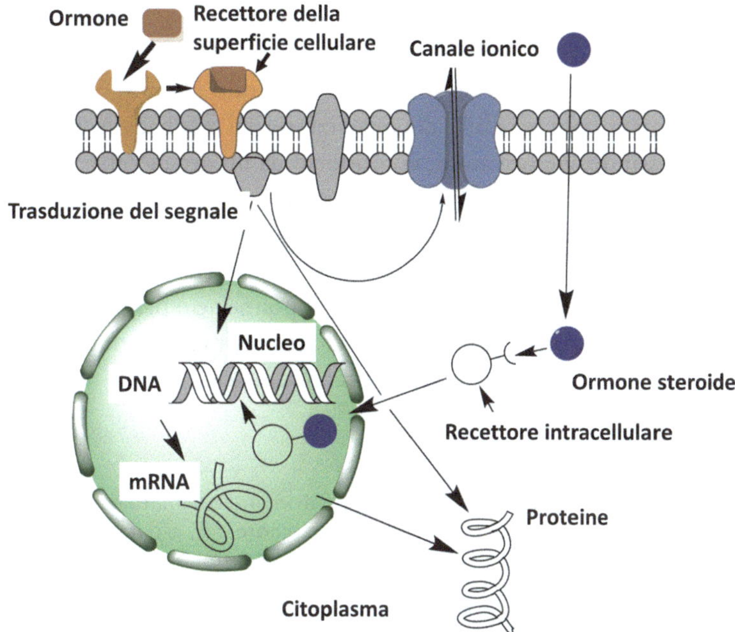

Fig. 1.4 Rappresentazione schematica delle azioni ormonali. L'ormone peptidico (proteina) lega il recettore della superficie cellulare che provoca la trasduzione del segnale che porta a cambiamenti nell'espressione genica dal DNA e quindi a cambiamenti nell'espressione proteica. I cambiamenti nei flussi ionici attraverso i canali ionici possono portare a varie conseguenze, come il rilascio di varie sostanze dalla cellula (compresi anche gli ormoni). Gli ioni possono entrare nella cellula dall'esterno o uscire da essa dall'interno e quindi modificare le concentrazioni ioniche all'interno della cellula. Viceversa, gli ormoni steroidei, si legano a recettori intracellulari, entrano nel nucleo della cellula e influenzano l'espressione genica

Un ormone può avere diversi tipi di recettori e quindi diversi effetti. Ad esempio, l'ormone antidiuretico (ADH, anche chiamato vasopressina) che viene rilasciato dal lobo posteriore dell'ipofisi stimola il riassorbimento dell'acqua tramite il suo recettore nel rene, mentre agendo su un altro recettore sui vasi induce la loro contrazione. Queste osservazioni dimostrano le molteplici azioni degli ormoni.

Quali tipi di disturbi ormonali sono noti?

Essendo un sistema così complesso e delicatamente regolato, nonostante i suoi fini meccanismi di regolazione, possono insorgere diverse malattie nel sistema endocrino. Per quanto riguarda la produzione di ormoni, i disturbi ormonali possono essere molto semplicemente classificati come correlati alla sovrapproduzione o alla carenza di ormoni.

Cosa può causare la sovrapproduzione di ormoni?

La sovrapproduzione di ormoni è più spesso dovuta a tumori endocrini dove l'organo inizia a secernere gli ormoni senza controllo (in modo autonomo). Il tumore non è per lo più sensibile alla regolazione del feedback negativo.

È anche possibile che l'ormone sia prodotto da un organo che normalmente non lo produce, come si può verificare nel caso di alcuni tumori maligni (Box 1.5). Così, le cellule tumorali del polmone possono produrre ormoni, ad es. l'ormone PTHrP (peptide correlato all'ormone paratiroideo) che provoca alti livelli di calcio nel siero, o i tumori neuroendocrini nel polmone o pancreas che possono addirittura produrre l'ormone ACTH (Box 1.6) sopra menzionato che in condizioni normali è rilasciato solo dall'ipofisi (Box 1.7).

Box 1.5

Come si può definire un tumore? Un tumore, altrimenti chiamato neoplasia, è una crescita tessutale anomala. La parola originale, tumore deriva dal latino e significa gonfiore. Il tumore cresce indipendentemente dai tessuti normali circostanti e dal corpo. La crescita dei tumori benigni è piuttosto lenta, e questi rimangono all'interno dell'organo originale. Tuttavia, un tumore benigno può anche crescere in un luogo vulnerabile comportando gravi conseguenze (come i tumori ipofisari). I tumori maligni crescono rapidamente, invadono le strutture circostanti e le cellule che si staccano dal tumore primario possono dare origine a **metastasi** in altri organi. **Il cancro** (medicamente denominato carcinoma) rappresenta un importante gruppo di tumori maligni. I tumori maligni sono spesso fatali senza trattamento.

Box 1.6

Cos'è una sindrome? Una sindrome è un particolare insieme di segni e sintomi, che rappresenta una caratteristica associazione. Una sindrome può essere tipica per una o poche malattie o gruppi di malattie ma può avere origini diverse. Ad esempio, la sindrome di Cushing caratterizzata dalla sovrapproduzione dell'ormone cortisolo può essere causata da un tumore secernente ACTH (ormone adrenocorticotropo) dell'ipofisi o di un altro organo che risulta in una sovrattività delle ghiandole surrenali guidata dall'ACTH, o da un tumore secernente cortisolo della ghiandola surrenale stessa. L'anomalia cromosomica della sindrome di Turner può essere causata da diverse aberrazioni del cromosoma X.

Box 1.7

La sindrome paraneoplastica è associata a un tumore, ma non è causata dalla sua dimensione, comportamento metastatico o crescita, ma sorge a causa della produzione di sostanze o dell'induzione di una reazione immunitaria da parte del tumore. La sostanza prodotta può essere un ormone, un fattore che influenza la coagulazione del sangue, una citochina che agisce sul sistema immunitario o un fattore di crescita. Gli ormoni prodotti nella sindrome paraneoplastica non sono normalmente prodotti dall'organo da cui il tumore ha origine. Inoltre, l'ormone prodotto può essere atipico. Le sindromi paraneoplastiche sono spesso associate a sintomi insoliti come alterazioni cutanee, del sistema nervoso o ematopoietiche (l'ematopoiesi è il processo di formazione delle cellule del sangue). Una delle sindromi paraneoplastiche più comuni è la trombosi associata a un aumento della coagulazione del sangue. Le sindromi paraneoplastiche si osservano in circa l,8% dei tumori maligni, principalmente in stadi avanzati di tumori polmonari, mammari, ginecologici ed ematopoietici. Raramente, anche i tumori benigni possono dare origine a sindromi paraneoplastiche. A volte, le sindromi paraneoplastiche sono i primi segni della malattia tumorale, portando alla corretta diagnosi.

La sovrapproduzione di ormoni può verificarsi anche a causa di altri meccanismi: ad esempio in una forma comune di ipertiroidismo, la malattia di Graves, un autoanticorpo che stimola il recettore TSH imita gli effetti del TSH e stimola sia la crescita che la produzione di ormoni della ghiandola tiroidea.

Un autoanticorpo è un anticorpo (Box 1.8) che si rivolge alle cellule e ai tessuti dell'individuo e viene prodotto a causa di un processo autoimmune.

Box 1.8

Un **anticorpo** è una proteina prodotta dalle cellule B del sistema immunitario la cui principale funzione è quella di mirare agenti infettivi come batteri e virus e contribuire alla loro distruzione. Se l'anticorpo è prodotto contro i tessuti dell'individuo, viene chiamato **autoanticorpo**.

Cos'è l'autoimmunità?

Una definizione semplificata di autoimmunità potrebbe essere che il sistema immunitario riconosce le proteine del corpo come estranee e lancia un risposta immunitaria contro di loro. In condizioni normali, il sistema immunitario impara quali sono le proteine del corpo e una risposta immunitaria distruttiva viene lanciata solo contro quelle estranee. Le proteine (o altre molecole) che sono riconosciute dal sistema immunitario sono chiamate antigeni. Non solo gli agenti infettivi, ma anche le cellule tumorali vengono eliminate dal sistema immunitario normalmente funzionante.

L'autoimmunità svolge un ruolo importante nello sviluppo di diverse malattie di diversi organi. La reazione autoimmune può portare alla distruzione delle ghiandole endocrine, come nella tiroidite di Hashimoto che porta a un ipotiroidismo o nella malattia di Addison che provoca insufficienza surrenalica. Nel caso molto particolare della malattia di Graves (Capitolo 3.2), gli autoanticorpi prodotti contro il recettore TSH non sono distruttivi ma possono legare il recettore TSH in modo simile al TSH e attivare il recettore come farebbe il TSH. Quindi, la reazione autoimmune nella malattia di Graves non porta alla distruzione della tiroide, al contrario, attiva la ghiandola a produrre più ormoni.

Qual può essere la causa della carenza di ormoni?
La carenza di ormoni può derivare dalla distruzione autoimmune della glandola
che produce gli ormoni, ma anche se la ghiandola viene distrutta da altri processi.
Anche tumori, emorragie e processi infiltrativi (processi simili a infiammazioni
croniche che "infiltrano" l'organo) possono distruggere le ghiandole endocrine.
Anche la mancanza di componenti necessari per la produzione di ormoni può
risultare in una carenza di ormoni, come esemplificato dalla carenza di ormoni
tiroidei negli individui con un apporto insufficiente di iodio.

1.2   Genetica in endocrinologia

Le cause genetiche possono portare a una sovrapproduzione di ormoni, ma ancora
più frequentemente a carenze ormonali. Alterazioni genetiche (Box 1.9) che disturbano il funzionamento degli ormoni e dei loro corrispondenti recettori i possono
portare a disturbi endocrini.

> **Box 1.9**
>
> **Cos'è la genetica?** La genetica era originariamente la scienza dell'ereditarietà,
> ma oggi si è notevolmente espansa e non si occupa solo di proprietà ereditarie.
> I fattori genetici sono responsabili di molte caratteristiche, ma non tutte queste
> vengono trasmesse alla prole.

L'informazione genetica è conservata all'interno del **DNA** (acido desossiribo-
nucleico) che si trova nel nucleo della cellula. Il DNA è composto da quattro
diversi "mattoni" chiamati nucleotidi. Il DNA include i **geni** che sono le unità
dell' ereditarietà e codificano un prodotto genico. Il prodotto genico può essere
una proteina, ma ci sono anche geni senza funzione di codifica proteica che codificano per lo più molecole di RNA (acido ribonucleico). Nei geni che codificano
le proteine, gruppi di tre nucleotidi determinano uno dei venti amminoacidi. Le
proteine sono composte da amminoacidi in un ordine determinato.

Gli ormoni peptidici e proteici, i recettori e le proteine coinvolte nel metabolismo degli ormoni sono codificati dai geni. La sequenza di nucleotidi del gene
determina la sequenza proteica prodotta, e le alterazioni della sequenza di nucleotidi possono causare cambiamenti nella funzione delle proteine (ad esempio
ormoni o recettori ormonali meno attivi) o proteine non funzionanti.

I cambiamenti nella sequenza di nucleotidi possono essere frequenti o rari. I
cambiamenti che sono frequenti nella popolazione senza maggiori alterazioni nel
funzionamento delle proteine sono chiamati polimorfismi genetici (varianti). Le
mutazioni sono alterazioni genetiche che sono associate a conseguenze funzionali
maggiori e sono rare (di solito in meno dell,1% della popolazione). Le mutazioni
sono anche chiamate varianti causanti malattie. Le mutazioni possono essere
ereditate, se presenti nelle cellule germinali (spermatozoi nei maschi e ovuli nelle

femmine) ma possono anche verificarsi solo nel tessuto interessato. Le mutazioni nelle cellule germinali sono trasferite a tutte le cellule della prole poiché queste derivano tutte dall'uovo fecondato. Queste sono chiamate mutazioni della linea germinale. Viceversa, le mutazioni che non sono ereditate e presenti solo nel tessuto interessato sono chiamate mutazioni somatiche.

Di solito ci sono due copie di un gene nel DNA, una proveniente dal padre e uno dalla madre. Le due varianti del gene sono chiamate **alleli**. Ci sono mutazioni che sono abbastanza forti da indurre da sole la malattia anche se solo un allele è interessato. Se un allele con mutazione è sufficiente per causare la malattia, questo è chiamato dominante poiché "domina" sull'altro allele chiamato recessivo. Una alterazione è recessiva, se sono necessari i difetti in entrambi gli alleli per causare la malattia. In caso di ereditarietà dominante, la prole può essere affetta se un allele mutato proviene da un solo genitore, ma una caratteristica recessiva si svilupperà solo se il bambino riceve alleli mutati da entrambi i genitori. I genitori di pazienti con **malattie ereditate in modo dominante** sono di solito anche essi colpiti, mentre nell' **ereditarietà recessiva** i genitori sono solo portatori.

Alcune malattie endocrine sono causate da anomalie cromosomiche. I cromosomi sono le forme impacchettate di trasporto del DNA che consentono la divisione del DNA nelle cellule figlie durante la proliferazione cellulare. Ci sono 23 coppie di cromosomi umani. 22 coppie sono cosiddetti cromosomi somatici e questi sono identici negli uomini e nelle donne. Una coppia, tuttavia, è diversa nei due sessi poiché nelle donne ci sono due cromosomi X, ma negli uomini si trova un cromosoma X e un cromosoma Y molto più piccolo. La composizione di cromosomi in un individuo è chiamata cariotipo, e quindi un normale cariotipo femminile è 46,XX, mentre nei maschi è 46,XY (Fig. 1.5). Parti dei cromosomi possono essere perse, o possono essere presenti parti di cromosomi in eccesso; inoltre, anche il numero dei cromosomi può variare ed essere coinvolto in una moltitudine di malattie, alcune delle quali anche con rilevanza endocrina.

Recentemente, si è scoperto che non solo la sequenza nucleotidica dei geni, ma anche altri fattori sono importanti nella regolazione del normale funzionamento cellulare e nello sviluppo della malattia. I geni codificanti le proteine sono stati trovati rappresentare una minoranza del DNA, mentre una parte molto più grande di DNA non codifica proteine. Questa parte è stata originariamente paragonata alla cosiddetta "materia oscura" dell'universo che si ipotizza anche costituire la maggior parte della massa nell'universo, ma nessuno ha mai potuto esaminarlo. È stato addirittura chiamato "DNA spazzatura" privo di qualsiasi funzione. In tempi più recenti, tuttavia, è diventato evidente che la parte non codificante del DNA è di importanza fondamentale, e codifica per molte molecole di RNA critiche nella regolazione del funzionamento cellulare. Altri meccanismi regolatori coinvolgono la modifica chimica (metilazione) delle proteine che impacchettano il DNA (istoni) e dei nucleotidi. Sorprendentemente, anche

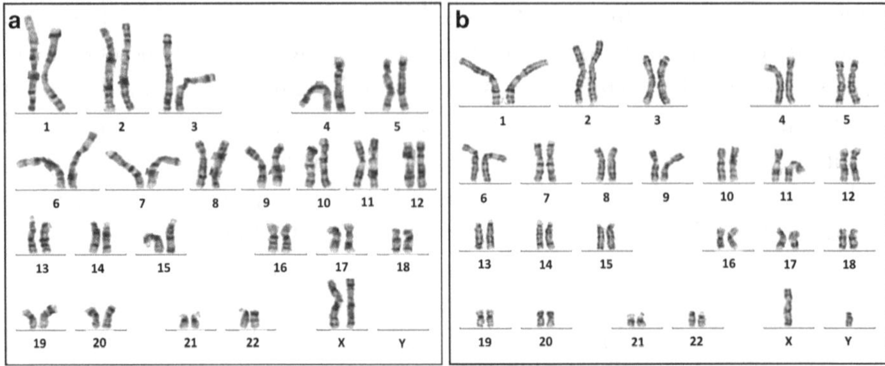

Fig. 1.5 Rappresentazione di un normale cariotipo femminile (**a** pannello sinistro) e maschile (**b** pannello destro) (composizione cromosomica). Entrambi i sessi hanno 46 cromosomi. Nelle femmine, ci sono due cromosomi X, mentre nei maschi c'è un cromosoma X e un cromosoma Y. Cortesia del Dr. Iren Haltrich, Dipartimento di Pediatria, Università Semmelweis, Budapest, Ungheria. (Le figure sono state originariamente pubblicate in "Genetics of Endocrine Diseases and Syndromes, Eds: Igaz P. & Patócs A., Springer, 2019, riprodotte con permesso")

queste modifiche strutturali possono essere ereditate. Tutto questo appartiene al campo della **epigenetica** (Box 1.10) Le alterazioni epigenetiche sono già state identificate in molte malattie.

> **Box 1.10**
>
> **Epigenetica:** Il campo della scienza che si occupa dei meccanismi coinvolti nella regolazione genica che non influenzano la sequenza di nucleotidi. Alcune alterazioni epigenetiche possono essere ereditate.

Come vengono prodotte le proteine dalle informazioni genetiche codificate dal DNA?

La sequenza nucleotidica dei geni determina la sequenza amminoacidica delle proteine. Inizialmente, l'acido ribonucleico (RNA) viene trascritto dal DNA nel nucleo della cellula. Questo RNA è chiamato RNA messaggero (mRNA). L'mRNA migra dal nucleo nella parte esterna della cellula chiamata citoplasma, dove la proteina viene prodotta dalle "fabbriche di proteine" del ribosoma secondo l'informazione portata dal mRNA (Fig. 1.6). Le catene di amminoacidi, chiamate polipeptidi subiscono ulteriori modifiche fino a quando si forma la proteina matura. Alcune proteine, come i recettori ormonali consistono di diversi polipeptidi (sotto-unità). La loro struttura tridimensionale è importante per la loro attività biologica, poiché consente l'adattamento dell'ormone al sito di legame del recettore.

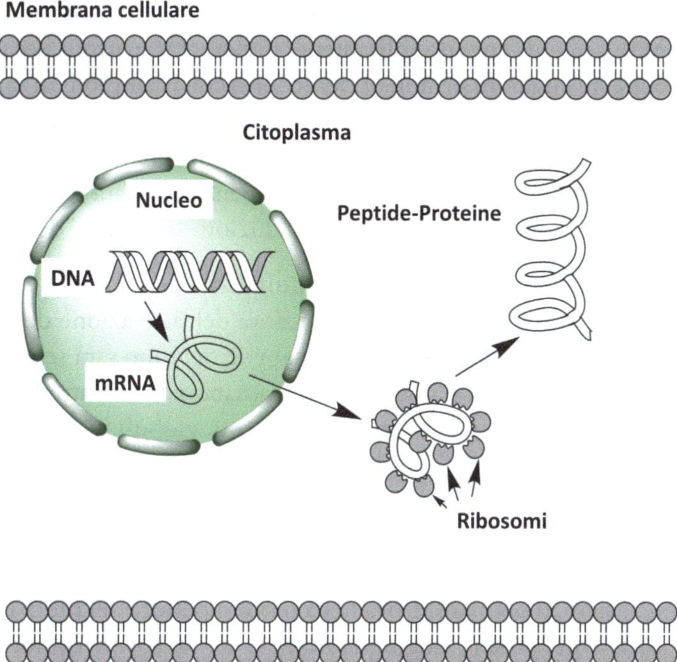

Fig. 1.6 Rappresentazione schematica della formazione delle proteine. Le informazioni genetiche incluse nel DNA vengono trascritte nell' RNA messaggero (mRNA) che lascia il nucleo della cellula. Nel citoplasma, la proteina viene sintetizzata con l'aiuto dei ribosomi

1.3 Principali domande nella diagnosi delle malattie ormonali

Come dovremmo procedere nell'esame delle malattie ormonali?
Prima di tutto, dovrebbero essere eseguite misurazioni ormonali, e solo se si riscontrano alterazioni ormonali dovremmo procedere a studi di imaging al fine di scoprire il substrato organico delle malattie ormonali. **L'imaging** coinvolge tutti i metodi che consentono la visualizzazione della posizione e delle variazioni morfologiche degli organi interni (come la tomografia computerizzata – TC, la risonanza magnetica – MRI, esami con radioisotopi ecc.). Si raccomanda di tenere a mente questo ordine in quanto l'imaging può così essere mirato e sappiamo esattamente cosa stiamo cercando.

Come possiamo esaminare la produzione di ormoni?
Possiamo ottenere informazioni sulla produzione di ormoni analizzando i livelli ormonali dei fluidi corporei. Principalmente si utilizza il sangue, ma l'urina e in alcuni casi anche la saliva possono essere analizzate.

La maggior parte degli esami ormonali non richiede una preparazione speciale, e i campioni di sangue vengono solitamente prelevati al mattino per misurarne i livelli. Alcune misurazioni ormonali richiedono che i campioni di sangue vengano conservati refrigerati, e questi vengono messi in contenitori di stoccaggio ghiacciati immediatamente dopo il prelievo. Esistono anche test speciali, cosiddetti dinamici, dove la produzione di ormoni viene stimolata o soppressa somministrando altri ormoni che regolano la produzione di ormoni del paziente.

Qual è la differenza tra siero e plasma sanguigno?
Il sangue si coagula dopo alcuni minuti a causa dell'attivazione del sistema di coagulazione del sangue. A causa di ciò, il sangue nel tubo sarà separato in due parti: la parte superiore è la parte liquida chiamata siero, mentre la parte inferiore include i componenti cellulari (globuli rossi, globuli bianchi, piastrine). La separazione del siero e delle cellule del sangue può essere effettuata più efficacemente utilizzando la centrifugazione (in uno strumento chiamato centrifuga ad alta velocità di rotazione). Il plasma sanguigno, d'altra parte, viene preparato mediante la centrifugazione di un campione di sangue contenente un anticoagulante. Come il siero, il plasma si trova nella parte superiore del tubo. La composizione del siero e del plasma sanguigno non è la stessa. Alcuni ormoni vengono determinati nel siero sanguigno, altri nel plasma.

Come vengono utilizzate l'urina e la saliva per le misurazioni ormonali?
Le quantità dell' ormone vengono determinate principalmente da un campione di urina raccolta (Box 1.11). La saliva può essere prelevata per misurare l'ormone surrenalico cortisolo. A differenza del sangue, la saliva e l'urina possono essere prelevate dal paziente a casa.

> **Box 1.11**
>
> **Come si raccoglie l'urina?** La prima urina del mattino dovrebbe essere rilasciata nel water, poiché appartiene al giorno precedente. Poi, tutta l'urina dovrebbe essere raccolta in un contenitore di stoccaggio pulito nel corso delle successive 24 ore, quindi viene raccolta anche la prima urina del mattino del giorno successivo. Per la diagnosi di feocromocitoma (Capitolo 5.3) e della sindrome carcinoide (Capitolo 9), è necessario un contenitore scuro e un ambiente acido (una piccola quantità di acido cloridrico viene messa nel contenitore di stoccaggio prima di iniziare la raccolta dell'urina). Il paziente non dovrebbe portare in laboratorio l'intera quantità di urina raccolta, 100–200 millilitri sono sufficienti dopo aver misurato l'intero volume.

Quali sono le tecniche di imaging più importanti utilizzate in endocrinologia?
Le tecniche di imaging vengono utilizzate per rilevare alterazioni morfologiche negli organi interni. Per esaminare le ghiandole endocrine, vengono utilizzati più spesso l'ecografia, la TC e la risonanza magnetica. La TC utilizza i raggi X

e quindi non può essere impiegata durante la gravidanza, mentre l'uso della risonanza magnetica (RM) può essere limitato in pazienti che hanno un qualsiasi impianto contenente metallo (come i pacemaker). La ghiandola tiroidea viene per lo più esaminata con l'ecografia. L'ipofisi è meglio visualizzata con la risonanza magnetica. Sia la TC che la risonanza magnetica sono utili per l'imaging surrenalico. L'ecografia transvaginale è molto utile per esaminare le ovaie. Sono disponibili anche tecniche che utilizzano sostanze marcate con radioisotopi. Queste vengono assorbite dalle cellule e la radiazione emessa dall' isotopo viene utilizzata per ottenere un'immagine "funzionale" dell'organo. Il termine "funzionale" significa che l'imaging si basa su un processo attivo, cioè l'assorbimento dell'isotopo da parte delle cellule. Le tecniche che utilizzano radioisotopi sono classicamente chiamate scintigrafie.

1.4   Trattamento delle malattie ormonali

Come trattiamo la mancanza di ormoni (deficienze ormonali)?
I disturbi causati dalla mancanza di ormoni vengono trattati sostituendo gli ormoni mancanti (Box 1.12). Ormoni a basso peso molecolare come gli ormoni tiroidei e gli steroidi possono essere somministrati in compresse che vengono assorbite efficacemente dal tratto digestivo. Al contrario, gli ormoni peptidici vengono degradati dagli enzimi digestivi, pertanto questi possono essere somministrati solo in iniezioni, per lo più sotto la pelle (per via sottocutanea). Alcune preparazioni ormonali vengono somministrate in iniezioni profonde nel muscolo (per lo più nel gluteo) venendo rilasciate lentamente e quindi garantiscono un apporto ormonale stabile per diverse settimane o mesi (alcuni ormoni steroidei e peptidi vengono somministrati in questo modo). Gli steroidi sessuali possono essere somministrati anche attraverso la pelle sotto forma di gel e cerotti.

> **Box 1.12**
>
> È importante sottolineare che con la sostituzione ormonale, miriamo a ripristinare la condizione di salute fornendo gli ormoni mancanti. La malattia è infatti causata dalle basse quantità di ormoni nel corpo, e sostituendo gli ormoni, la situazione normale può essere ripristinata. Se somministrati in modo adeguato, si prevedono pochi effetti collaterali, e le terapie di sostituzione ormonale sono ben tollerate.

Come vengono trattate le carenze degli ormoni dell'ipofisi anteriore?
Per quanto riguarda le carenze degli ormoni dell'ipofisi anteriore (ad es. TSH che regola la tiroide, o ACTH che regola la corteccia surrenale), sostituiamo principalmente il prodotto dell' organo endocrino periferico e non quello dell'ipofisi. In questo contesto, periferico significa un organo al di fuori del sistema ipota-

lamico-ipofisario e che è regolato da questo (tiroide, surrene, ghiandole sessuali [gonadi]). Ciò significa che anche se mancano TSH, o ACTH, diamo levotiroxina e cortisolo, rispettivamente, e non TSH o ACTH. Poiché gli ormoni ipofisari sono proteine, queste non possono essere somministrate in compresse ma solo in iniezioni che sarebbero non solo scomode, ma anche costose, inoltre, non avrebbero alcun vantaggio rispetto agli ormoni periferici somministrati in compresse. Gli ormoni proteici sono solitamente meno stabili rispetto agli ormoni a basso peso molecolare. Questo non significa, tuttavia, che questi ormoni proteici non vengano utilizzati in terapia endocrina, ma nella maggior parte dei casi di sostituzione ormonale, gli ormoni periferici vengono somministrati in compresse.

Gli ormoni proteici ipofisari vengono somministrati come iniezioni in caso di carenza di ormone della crescita, e il TSH viene utilizzato per preparare il trattamento con radioiodio della tiroide per aumentare l'assorbimento dell'isotopo (dettagliato in Capitolo 3 sulla tiroide). Un ulteriore caso dove sono necessari gli ormoni ipofisari è il ripristino della fertilità (cioè il/la paziente desidera avere figli), poiché questo non può essere raggiunto dando solo gli steroidi sessuali periferici (Capitolo 6 sulle gonadi).

Possiamo usare ormoni animali per trattare le carenze ormonali negli esseri umani?

Gli ormoni sono molecole piuttosto conservate. Ciò significa che hanno cambiato poco durante l'evoluzione e quindi gli ormoni di altre specie animali possono agire negli esseri umani. Gli ormoni dei mammiferi sono stati utilizzati in diversi casi negli esseri umani, come l'insulina dei suini e bovini e come gli ormoni che regolano le ghiandole sessuali isolati dall'urina di cavalle gravide. Inoltre, possono essere utilizzati ormoni di specie ancora più distanti dagli esseri umani, come la calcitonina del salmone (vedi Capitolo 4.1 e Box 4.1). Ci sono tuttavia differenze nelle strutture degli ormoni animali e umani: ad esempio ci sono due amino acidi nell'insulina del bovino, e uno nell'insulina del maiale che sono diversi dal loro corrispondente umano. Queste piccole differenze possono indurre processi immunologici durante trattamenti a lungo termine, poiché il sistema immunitario riconosce le alterazioni strutturali e può innescare una risposta immunitaria contro una molecola estranea. La stragrande maggioranza delle sostanze utilizzate oggi in terapia ormonale sostitutiva sono ormoni sintetici completamente umani, che quindi non provocano alcuna risposta immunitaria.

Come trattiamo la sovrapproduzione di ormoni?

La sovrapproduzione di ormoni può essere trattata con farmaci o con la rimozione o distruzione del tessuto che produce gli ormoni. Esistono farmaci specifici per varie condizioni endocrine in cui questi farmaci inibiscono la sintesi degli ormoni, come la sintesi degli ormoni tiroidei o steroidei. Ci sono anche farmaci che bloccano il legame dell'ormone con il suo recettore, come nel caso di un farmaco utilizzato nel trattamento della sovrapproduzione dell'ormone della crescita.

È anche possibile trattare i pazienti che soffrono di sovrapproduzione ormonale con farmaci che non interferiscono direttamente con il processo, ma influenzano altre funzioni mediate dagli ormoni. Questi sono trattamenti sintomatici, che influenzano non la causa sottostante della malattia, ma le conseguenze ormonali (Box 1.13). Ad esempio, una tiroide iperfunzionante è associata a una frequenza cardiaca elevata che può essere rallentata da farmaci beta-bloccanti che agiscono sul cuore per ridurre la frequenza delle pulsazioni, o l'insonnia trattata con farmaci ansiolitici. Certamente, queste malattie non possono essere curate con un trattamento sintomatico, questo serve solo per alleviare i sintomi e aiutare a controllare la malattia.

> **Box 1.13**
>
> **Qual è la differenza tra un trattamento sintomatico e il trattamento delle cause sottostanti?**
> Con **il trattamento delle cause sottostanti** , si mira alla fonte della malattia, e ci sforziamo di curare la malattia (o di inibire la crescita di un tumore avanzato). Utilizzando un **trattamento sintomatico** , siamo soddisfatti di aver raggiunto il controllo dei sintomi della malattia. Il paziente può essere reso asintomatico, ma la malattia non è guarita e la sua attività non è ridotta. Quando possibile, è raccomandato il trattamento delle cause sottostanti, ma in alcuni casi potrebbe essere necessarioil trattamento sintomatico . Ad esempio, non esiste un trattamento della causa alla base di un ipertiroidismo nel corso di infiammazioni tiroidee, poiché il rilascio incontrollato di ormoni è dovuto alla distruzione del tessuto tiroideo. Il trattamento sintomatico può essere somministrato per alleviare l'aumento della frequenza cardiaca e l'ansia.

La rimozione chirurgica della ghiandola iperattiva o della parte iperattiva può curare la malattia. In alcuni casi, la ghiandola iperfunzionante può essere distrutta con altri mezzi, ad esempio con radioisotopi che rilascianoradiazioni distruttive sui tessuti. In questo modo, il radioiodio assorbito dalla tiroide iperfunzionante può distruggerla e curare la malattia. Esistono anche protocolli di trattamento combinati, in cui ad esempio i radioisotopi sono portati ai tessuti bersaglio da molecole che legano i recettori dei tessuti bersaglio. Questo è il caso del trattamento radiorecettoriale dei tumori neuroendocrini, in cui le molecole analoghe della somatostatina marcate con radioisotopi legano i recettori della somatostatina del tessuto bersaglio e produconoal tumore danni da radiazioni locali.

Quali tipi di trattamenti ormonali sono noti? Il trattamento con ormoni è pericoloso?
La terapia ormonale sostitutiva è stata discussa sopra, quando gli ormoni mancanti vengono forniti al corpo. Questa è quindi una sostituzione, dove viene ripristinata la condizione normale. Questo non è assolutamente pericoloso, al contrario, può essere pericoloso non avere quantità sufficienti di ormoni nel corpo.

La terapia chiamata trattamento ormonale nel linguaggio comune è diversa: gli ormoni vengono utilizzati soprattutto per scopi terapeutici e non per trattare malattie ormonali. La forma più comune è il trattamento ormonale con steroidi sintetici artificialmente prodotti con attività glucocorticoide. Se i glucocorticoidi vengono somministrati in dosi elevate, inibiscono il funzionamento del sistema immunitario, e quindi possono essere utilizzati efficacemente in malattie in cui sono presenti fenomeni autoimmuni. Le dosi necessarie per questo, tuttavia, sono associate a gravi effetti collaterali che possono risultare nella sindrome di Cushing (Capitolo 5.2.2) discussa tra le malattie della ghiandola surrenale. I sintomi includono obesità addominale, diabete mellito, alta pressione sanguigna, osteoporosi, scarsa guarigione delle ferite. I trattamenti ormonali includono anche trattamenti nella direzione "negativa" dove viene indotto uno stato di carenza ormonale. Il trattamento del cancro alla prostata include l'arresto della produzione di ormoni sessuali maschili, e questo trattamento rientra nella stessa categoria del trattamento del cancro al seno sensibile agli ormoni. In questi tumori, l'eliminazione dell'azione ormonale può arrestare la crescita del tumore (Capitolo 6.2). Tutti questi trattamenti sono associati a effetti collaterali che dovrebbero essere valutati durante il trattamento.

Nel complesso, i vantaggi di questi trattamenti ormonali superano di gran lunga i rischi di effetti collaterali, in quanto consentono il trattamento e la guarigione di malattie gravi, a volte potenzialmente letali, che sono fatali senza una terapia appropriata.

Gli ormoni possono essere utilizzati per scopi non medici?
Gli ormoni utilizzati per aumentare le prestazioni degli sportivi sono definiti **doping**. I derivati degli ormoni sessuali maschili, gli ormoni della crescita e anche **l'eritropoietina**, l'ormone renale che stimola la formazione di globuli rossi, sono i più utilizzati. Gli ormoni sessuali maschili e gli ormoni della crescita aumentano la massa muscolare, mentre l'eritropoietina aumenta il numero di globuli rossi. Un sovradosaggio di queste sostanze può portare a gravi conseguenze che si sono potute osservare nelle sportive che praticavano atletica pesante nella ex Repubblica Democratica Tedesca (GDR): aspetto maschile, voce profonda, crescita dei peli di tipo maschile. Il sovradosaggio di ormoni sessuali maschili causa problemi anche negli uomini, poiché la loro produzione ormonale è soppressa e può svilupparsi l'atrofia dei testicoli.

Esistono sostanze che possono disturbare il funzionamento del sistema ormonale?
Sì, queste sono chiamate **interferenti o perturbatori endocrini** (endocrine disruptors in inglese). Sempre più sostanze sono note con tali proprietà. Molte di queste sono artificiali, prodotte con metodi chimici, ma ce ne sono anche di naturali, come ad esempio i **fitoestrogeni** trovati nella soia che sono molecole ve-

getali simili agli estrogeni. I interferenti endocrini possono essere coinvolti nella ridotta fertilità degli uomini osservata nei paesi ad alto reddito. Altri derivati vegetali, come i "prodotti erboristici" di composizione sconosciuta o derivati da fonti non controllate possono portare a disturbi ormonali insoliti in cui potrebbero essere coinvolti anche i interferenti endocrini.

2

Malattie dell'ipofisi

2.1 Struttura e funzionamento dell'ipofisi

L'ipofisi è piccola come un pisello, ma nonostante le sue dimensioni ridotte è il regolatore principale del sistema endocrino. Si trova alla base del cervello a cui è collegata da un sottile peduncolo. L'ipofisi si trova in una cavità ossea chiamata "Sella turcica" dal suo nome latino. L'osso sopra il quale si trova l'ipofisi si chiama osso sfenoide. L'ipofisi non può funzionare da sola, e il suo peduncolo la collega a una parte molto importante del cervello, l'ipotalamo, che ospita centri regolatori critici del corpo (Fig. 2.1). Ci sono diversi cosiddetti nuclei nell'ipotalamo dove si raccolgono le cellule nervose (neuroni), e questi regolano importanti funzioni corporee come la temperatura corporea e l'appetito. La loro altra funzione principale è la produzione e l'immagazzinamento di diversi ormoni che influenzano l'ipofisi.

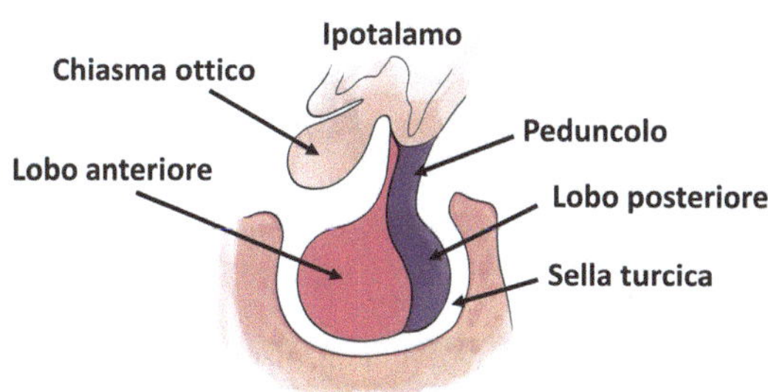

Fig. 2.1 L'ipofisi nella Sella turcica, una cavità dell'osso sfenoide che si apre verso l'alto. L'ipofisi è composta di due lobi, l'anteriore e il posteriore, ed è collegata all'ipotalamo da un peduncolo

L'ipofisi appartiene al gruppo degli organi neuroendocrini che hanno sia proprietà ormonali che neurali.

È composta da due lobi: il lobo anteriore e il lobo posteriore. Il lobo anteriore produce ormoni di per sè, ma non autonomamente, poiché per questo è necessario l'ipotalamo. I cosiddetti **ormoni di rilascio** provenienti dall'ipotalamo viaggiano verso il lobo anteriore attraverso il peduncolo ipofisario, e questi sono necessari per la produzione della maggior parte degli ormoni dal lobo anteriore dell'ipofisi. Gli ormoni prodotti con l'aiuto degli ormoni di rilascio ipotalamici sono i seguenti: **ormone della crescita** (GH: growth hormone), **ACTH** (adrenocorticotropina) che stimola la corteccia surrenale, **TSH** (ormone stimolante la tiroide), **FSH** (ormone follicolo-stimolante), e **LH** (ormone luteinizzante) (Fig. 2.2); questi ultimi due stimolano le ghiandole riproduttive (medicalmente chiamate gonadi). Il GH è stimolato dal GHRH (ormone di rilascio dell'ormone della crescita), l'ACTH dal **CRH** (ormone di rilascio della corticotropina) e il TSH dal **TRH** (ormone di rilascio del TSH). Le produzioni di LH e FSH sono entrambe stimolate dal **GnRH** altrimenti chiamato **LHRH** (ormone di rilascio della gonadotropina o LH). Tra gli ormoni del lobo anteriore dell'ipofisi, la prolattina è l'unica eccezione, poiché può essere prodotta dall'ipofisi stessa anche senza stimolazione ipotalamica, e infatti la sua produzione è inibita dalla dopamina proveniente dall'ipotalamo.

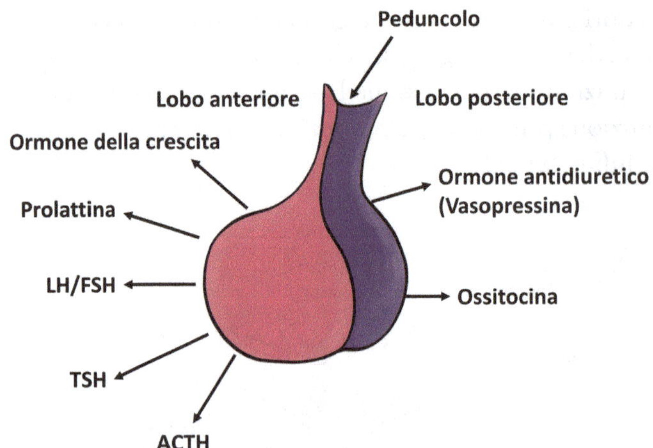

Fig. 2.2 Produzione di ormoni da parte dell' ipofisi. La funzione ipofisaria è regolata dall'ipotalamo. La produzione di ormoni del lobo anteriore è regolata dagli ormoni ipotalamici, e questi sono per lo più stimolanti. Il lobo posteriore immagazzina due ormoni dell'ipotalamo. Gli ormoni del lobo anteriore sono l'ormone della crescita, la prolattina, l'LH e l'FSH che regolano le ghiandole sessuali, il TSH che regola la tiroide, e l'ACTH che stimola la corteccia surrenale. I due ormoni del lobo posteriore sono l'ormone antidiuretico (ADH o altrimenti chiamato vasopressina) e l'ossitocina

Gli ormoni del lobo anteriore dell'ipofisi non agiscono sui tessuti direttamente, ad eccezione della prolattina e dell'ormone della crescita, ma stimolando la produzione di ormoni negli organi periferici che producono ormoni. Così, l'ACTH stimola la corteccia surrenale, il TSH la ghiandola tiroidea, e l'LH e l'FSH le gonadi. L'ormone della crescita e la prolattina agiscono direttamente sui loro organi bersaglio. Alcuni effetti dell'ormone della crescita, tuttavia, sono mediati dal **fattore di crescita simile all'insulina 1 (IGF-1)** che è prodotto in diversi organi, principalmente nel fegato.

Dall'altra parte, il lobo posteriore dell'ipofisi funziona solo come un magazzino, dove sono immagazzinati e rilasciati due ormoni prodotti nei nuclei ipotalamici: l'**ormone antidiuretico** (altrimenti chiamato **vasopressina**) che regola l'omeostasi dell'acqua, e anche l'**ossitocina**. L'azione principale dell' ormone antidiuretico (**ADH**) è la stimolazione del riassorbimento dell'acqua nei reni. L'altro suo nome, vasopressina, si riferisce alla sua attività dimolecola con il più forte potere di restringimento dei vasi (vasocostrittore) nel corpo, ma questa azione è mediata tramite un diverso recettore. L'ossitocina è molto importante nelle donne, poiché aumenta la contrazione dell'utero durante il parto, ed è quindi anche sfruttata come farmaco in ginecologia. Aiuta anche l'allattamento. L'importanza dell'ossitocina negli uomini non è stata conosciuta per molto tempo, ma dati recenti mostrano che contribuisce alla regolazione dell'umore, delle relazioni sociali e della libido. L'ossitocina è molto importante nell'evoluzione dei legami sociali, ad esempio tra madre e bambino. Non si conosce alcuna malattia legata alla sovrapproduzione di ossitocina, ma in alcune malattie sono stati documentati bassi livelli di ossitocina.

2.2   Malattie dell'ipofisi

La malattia più comune dell'ipofisi è un tumore benigno noto come adenoma. Gli adenomi ipofisari rappresentano circa il 10% di tutti i tumori all'interno del cranio. Due forme principali sono distinte in base alla loro dimensione: i **microadenomi** hanno un diametro inferiore a 10 mm, mentre i **macroadenomi** sono più grandi di 10 mm.

Come esaminiamo l'ipofisi?
Come per tutte le altre ghiandole che producono ormoni, prima di tutto dovrebbero essere eseguiti esami ormonali, e poi studi di imaging. Tra le modalità di imaging, **la risonanza magnetica (RM, magnetic resonance imaging** in inglese) è il principale metodo di esame, poiché fornisce un'immagine dettagliata ed è ideale per riconoscere i microadenomi. Se la risonanza magnetica non può essere eseguita sul paziente (ad esempio a causa di un pacemaker

di vecchio tipo che non può essere regolato per prevenire interferenze con il campo magnetico della risonanza magnetica), può essere utilizzata **la tomografia computerizzata (TC)** che però non è abbastanza sensibile per rilevare piccoli microadenomi.

Fig. 2.3 mostra l'immagine della risonanza magnetica di una ghiandola pituitarica normale, mentre in Fig. 2.4 sono mostrate le immagini alla risonanza magnetica di un microadenoma e di un macroadenoma.

Quali possono essere le conseguenze dei microadenomi?

Un microadenoma ha rilevanza clinica solo se produce ormoni. I problemi relativi alla produzione di ormoni saranno discusse nei prossimi capitoli ad eccezione della sovrapproduzione di ACTH, presentata tra i tumori surrenalici (Capitolo 5.2.2). Se un microadenoma non produce ormoni, allora non ha rilevanza clinica e non c'è bisogno di occuparsene ulteriormente.

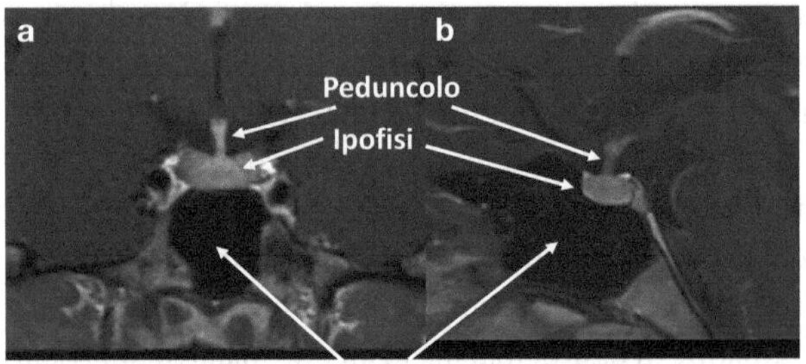

Fig. 2.3 Immagine RM dell'ipofisi normale. Il pannello sinistro **(a)** mostra l' ipofisi vista di fronta, e si può vedere la posizione verticale del peduncolo. Il pannello destro **(b)** presenta l'ipofisi vista lateralmente. Il seno sfenoidale è una cavità all'interno dell'osso sfenoide situato sotto la Sella turcica

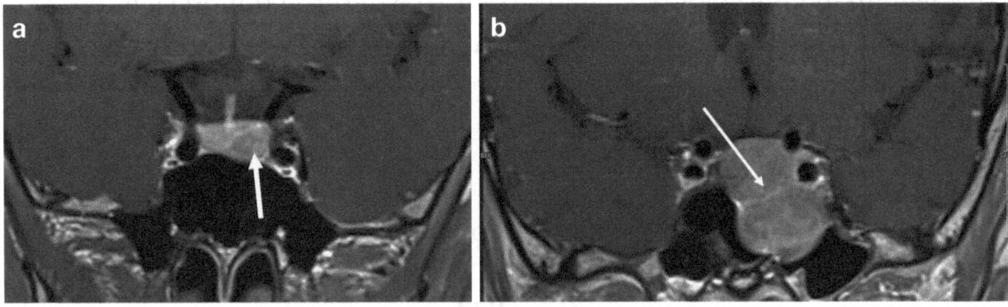

Fig. 2.4 Immagine RM di un microadenoma **(a** pannello sinistro) e di un macroadenoma **(b** pannello destro). Il microadenoma è situato sul lato destro dell' ipofisi, segnato dalla freccia. Il macroadenoma è molto più grande, e infiltra le strutture cerebrali vicine. Entrambi i pannelli mostrano l'ipofisi dalla proiezione frontale

Quanto spesso il sospetto di un microadenoma è sollevato da immagini di risonanza magnetica?
Molto spesso, poiché alcune indagini mostrano che fino al 10% della popolazione potrebbe avere alla risonanza magnetica caratteristiche sospette per microadenomi. La grande maggioranza di questi, tuttavia, sono semplicemente varianti senza produzione di ormoni e quindi senza rilevanza clinica.

Qual è la forma più comune di adenoma ipofisario?
Gli adenomi che producono prolattina sono i più frequenti. I secondi più comuni sono gli adenomi senza produzione di ormoni (chiamati non secernenti) e quindi senza sintomi clinici legati agli ormoni. È interessante notare che la produzione di LH e FSH di solito non provoca sintomi clinici, e quindi anche gli adenomi ipofisari che secernono questi ormoni appartengono alla categoria degli adenomi non secernenti. Gli adenomi che producono ormone della crescita sono rari, e ancora più rari sono gli adenomi che producono ACTH. L'adenoma ipofisario più raro è quello che produce TSH.

Quali sono le conseguenze cliniche dei macroadenomi?
In contrasto con i microadenomi, i macroadenomi hanno sempre rilevanza clinica. Anche se un macroadenoma non produce ormoni, può comprimere importanti strutture circostanti (come i nervi) a causa delle sue dimensioni, o addirittura comprimere la normale ipofisi, potenzialmente disturbando la sua produzione di ormoni. Tutto ciò può portare a gravi problemi di salute, nonostante la crescita lenta dei macroadenomi e il loro comportamento prevalentemente benigno.

Tra le conseguenze meccaniche, può verificarsi la compressione del nervo ottico (chiasma ottico) che può portare a **perdita del campo visivo**. La perdita del campo visivo significa che il paziente non vede alcune parti del campo visivo, tipicamente la periferia. Questa perdita di campo visivo può portare alla lamentela che il paziente quando guida un'auto non vede ciò che è ai lati, guardando in avanti (Fig. 2.5). L'esame oftalmologico è quindi di fondamentale importanza nei pazienti con macroadenomi.

Come possono essere trattati gli adenomi ipofisari?
I microadenomi non produttori di ormoni non dovrebbero essere trattati. Ci sono tre principali metodi per trattare i microadenomi produttori di ormoni e macroadenomi: i. chirurgicamente, ii. con farmaci, iii. con le radiazioni. Con l'eccezione degli adenomi che producono prolattina (prolattinoma), dove nella maggior parte dei casi i farmaci sono utilizzati come terapia di prima linea (vedi Capitolo 2.3), l'intervento chirurgico è di solito la prima scelta nel trattamento degli adenomi ipofisari.

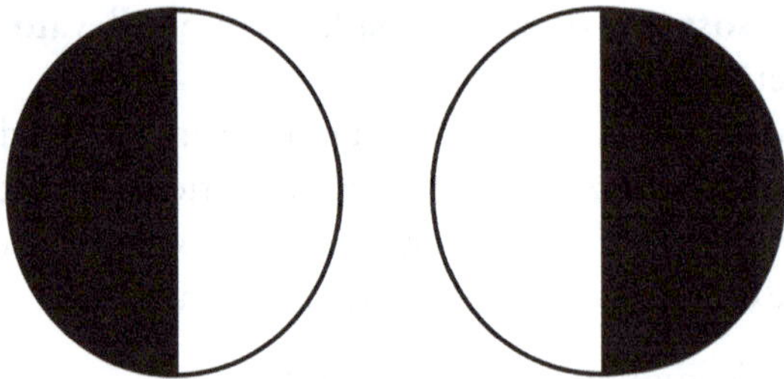

Fig. 2.5 Presentazione schematica di un tipico difetto del campo visivo causato da un macroadenoma. Il colore nero indica la perdita del campo visivo. Il paziente non vede ai lati a causa del difetto del campo visivo

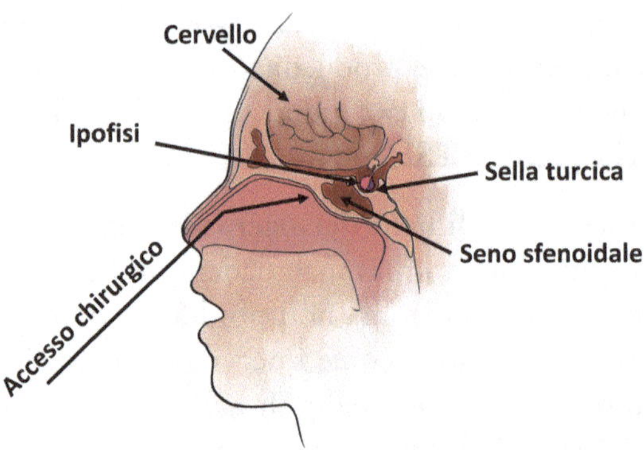

Fig. 2.6 Accesso chirurgico all'ipofidi attraverso il naso. Il chirurgo arriva alla cavità (seno) dell'osso sfenoide attraverso il naso, sopra il quale si trova l' ipofisi. Con questo approccio, la dura madre che protegge il cervello non viene aperta, e il cervello non viene danneggiato

Caratteristiche dell'intervento chirurgico

Lo scopo delle operazioni ipofisarie è rimuovere gli adenomi il più completamente possibile con il minimo danno. Oggi, gli interventi chirurgici vengono di solito eseguiti attraverso il naso, per cui il cranio e la "dura madre" (una spessa membrana di tessuto connettivo) che circonda il il cervello non vengono aperti. Attraverso il naso è possibile accedere alla cavità interna dell'osso sfenoide (il seno sfenoidale), sopra il quale la ghiandola pituitarica è situata (Fig. 2.6). Questo approccio riduce notevolmente il rischio di complicanze, poiché il tessuto cerebrale non è danneggiato. (Le prime operazioni ipofisarie venivano eseguite aprendo il cranio e l'ipofisi veniva raggiunta attraverso il tessuto cerebrale. Questa via era spesso associata a danni irreversibili.) In caso di adenomi più grandi, potrebbe essere necessario aprire il cranio sopra il sopracciglio. Attraverso questa via i neurochirurghi accedono all'ipofisi sotto la base del cranio, per cui il danno cerebrale non si verifica nemmeno in questo caso.

Vengono utilizzati microscopi di precisione o endoscopi (Box 2.1). È importante sottolineare che le operazioni sull'ipofisi dovrebbero essere eseguite da neurochirurghi con vasta esperienza nel campo, poiché il rischio di complicanze si dimostra essereinferiore.

> **Box 2.1**
>
> **Endoscopio:** Uno strumento simile a un tubo che può essere introdotto nelle cavità del corpo. Trasmette all'esaminatore un'immagine dell'interno del corpo ed è anche applicabile per eseguire interventi. Gli endoscopi sono utilizzati in diversi campi medici, come nei sistemi digestivo e respiratorio, vescica urinaria ecc.

Quando è urgente eseguire un intervento chirurgico?

La minaccia di perdita della vista è l'indicazione più importante per interventi ipofisari urgenti. È anche possibile che si verifichi un sanguinamento spontaneo (emorragia) in un macroadenoma, il che richiede un intervento chirurgico urgente anche in questo caso. Il sanguinamento ipofisario può essere sospettato se si osservano intensi mal di testa, nausea, vomito e vertigini. L'intervento chirurgico è urgente anche se si riscontra una perdita di liquido cerebrospinale in quanto è associata a pericolo di infezione: i batteri possono accedere al cervello attraverso la lesione nella dura madre e possono verificarsi infezioni gravi come meningite e ascesso cerebrale che sono spesso fatali.

Quali sono le possibili complicanze dell'intervento chirurgico ipofisario?

Oltre alle complicanze chirurgiche generali (come infezione, sanguinamento), possono svilupparsi carenze ormonali a causa del danno al normale tessuto ipofisario. Oggi, gli interventi chirurgici eseguiti da neurochirurghi esperti sono molto sicuri e le complicanze sono rare. Come per tutti gli altri interventi chirurgici, il rischio di coagulazione del sangue (trombosi) è aumentato a causa della ridotta mobilità del paziente, e il potenziale rilascio di un coagulo di sangue può portare a un'embolia polmonare. È quindi proposto di utilizzare iniezioni sottocutanee di anticoagulante (derivato dell'eparina) dopo l'intervento.

Quando può essere utilizzato il trattamento farmacologico?

I farmaci sono l'opzione di trattamento di prima linea negli adenomi che secernono prolattina, e di seconda linea negli adenomi che producono ormone della crescita e ACTH.

Cosa ne pensi della radiazione?

Le tecniche di irradiazione, altrimenti note come chirurgia radiante, si sono molto evolute negli ultimi anni e sono diventate molto precise. Il loro principale problema è legato al loro meccanismo di azione molto lento, poiché potrebbero essere necessari anche 5–10 anni dopo la terapia radiante per ottenere l'effetto completo.

Possono esserci tumori maligni nell'ipofisi?

Molto raramente (in meno dell,1% dei casi) i tumori ipofisari sono maligni. Per la diagnosi di cancro ipofisario, è necessario rilevare una metastasi. Le metastasi si vedono principalmente nel sistema nervoso centrale (cervello e midollo spinale). Tuttavia, tra gli adenomi benigni, si trovano anche tumori in crescita aggressiva che sono inclini alla recidiva e possono invadere le strutture cerebrali circostanti. L'asportazione completa di tali tumori aggressivi spesso non è fattibile.

Fig. 2.7 mostra l'immagine RM di un macroadenoma estremamente grande e in crescita aggressiva.

Possiamo prevenire o trattare i tumori ipofisari con un cambiamento dello stile di vita?

Purtroppo, non è possibile influenzare i tumori ipofisari né con la dieta né con uno stile di vita sano.

Con gli adenomi ipofisari, quanto spesso è necessario un controllo medico utilizzando la risonanza magnetica?

I macroadenomi dovrebbero essere controllati con la risonanza magnetica una volta all'anno per monitorare la loro crescita nel corso del tempo. Di solito non è richiesto nel primo anno, poiché la maggior parte di questi tumori sono benigni

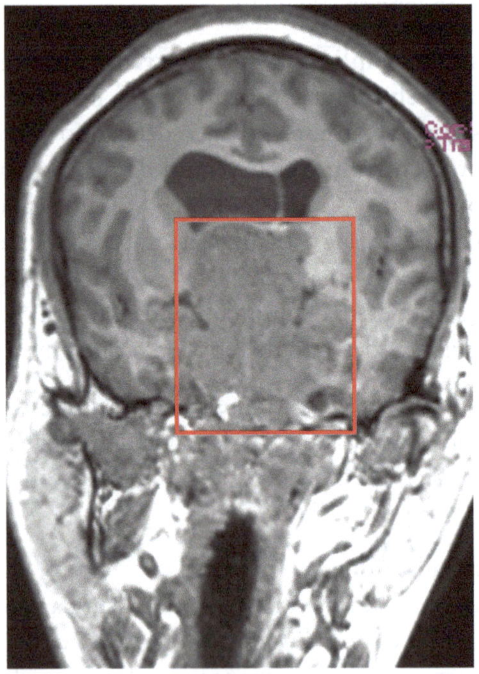

Fig. 2.7 Immagine RM di un tumore ipofisario estremamente grande nella proiezione frontale. Il tumore è segnato dal riquadro rosso

e crescono lentamente. La risonanza magnetica annuale non è necessaria nel caso di microadenomi, poiché questi crescono molto lentamente o per niente, e quasi mai sono associati a complicanze meccaniche che coinvolgono la compressione delle strutture circostanti.

2.3 Prolattinoma

Tra i tumori ipofisari, il prolattinoma – che produce prolattina – è il più comune. Provoca sintomi tipici nelle donne fertili e negli uomini, mentre spesso non presenta sintomi negli anziani. Il compito principale della prolattina è la stimolazione della produzione di latte nelle donne, e quindi ha ruoli importanti nel periodo successivo al parto, durante l'allattamento. Tuttavia, ha anche diversi altri effetti, ad esempio è implicato nella regolazione del sistema immunitario. La sovrapproduzione di prolattina inibisce la produzione di LH e FSH da parte dell'ipofisi. Poiché LH e FSH orchestrano la produzione di ormoni e cellule germinali nelle ghiandole riproduttive (gonadi: ovaie e testicoli), se viene prodotto meno LH e FSH, sia la produzione di ormoni delle gonadi che la formazione di cellule germinali saranno disturbate. A causa dei livelli ridotti di ormoni sessuali (estrogeni nelle femmine e testosterone nei maschi), i cicli mestruali possono cessare nelle donne, mentre gli uomini possono sperimentare impotenza e riduzione della libido.

Qual è la caratteristica più distintiva del prolattinoma nelle donne?
La produzione di latte materno indipendente dall'allattamento può essere osservata principalmente nelle donne fertili. Questo può essere di grado minore se osservato solo comprimendo i capezzoli, o altrimenti essere un flusso spontaneo maggiore. Il fluido è bianco, simile al latte materno. I cicli mestruali possono fermarsi o diventare più rari.

Il fluido del seno può essere sanguinolento nel prolattinoma?
No, un fluido sanguinolento è caratteristico di altre malattie, come i tumori al seno. In tali casi, è necessario con urgenza un esame completo del seno.

Qual è il sintomo principale del prolattinoma negli uomini?
L'impotenza e la riduzione della libido sono i sintomi principali negli uomini. Il paziente spesso consulta prima un urologo, e il basso livello di testosterone accompagnato da prolattina elevata porta alla diagnosi. Negli uomini anziani, sessualmente inattivi, tuttavia, il prolattinoma è spesso riconosciuto tardi, e per gli effetti meccanici di un grande macroadenoma.

Sono possibili altri sintomi?
L'osteoporosi può verificarsi in entrambi i sessi, poiché alti livelli di prolattina portano a carenze di ormoni sessuali che causano l'osteoporosi. Gli ormoni sessuali sono importanti nel mantenimento della massa ossea (Capitolo 4). I ma-

croadenomi che producono prolattina possono portare a effetti di massa legati alla dimensione del tumore come mal di testa, perdita del campo visivo, paralisi dei nervi cerebrali ecc. in modo simile agli altri macroadenomi.

I livelli di prolattina possono essere alti senza un tumore ipofisario?

Sì, anzi, la maggior parte dei casi di prolattina elevata non sono correlati a adenomi ipofisari che producono prolattina. La causa più comune di aumento della prolattina è l'effetto collaterale di vari farmaci. La produzione di prolattina è normalmente inibita dalla dopamina ipotalamica, e i farmaci che inibiscono la dopamina possono risultare in un aumento del livello di prolattina. Diversi farmaci che vengono utilizzati principalmente in psichiatria hanno azioni volte a ridurre la dopamina, e il loro uso può portare ad un aumento della prolattina e sintomi associati (come produzione di latte materno e disturbo mestruale). Il livello di prolattina può anche aumentare se il peduncolo ipofisario è lesionato (ad esempio da chirurgia, trauma cranico o tumore) e la dopamina ipotalamica non può scendere alla ghiandola ipofisaria.

Un lieve aumento della prolattina può verificarsi anche in altre malattie endocrine, come nel caso di ipotiroidismo (Capitolo 3.3) o sindrome dell'ovaio policistico (PCOS, Capitolo 6.3).

In quali casi dovrebbe essere indagato ulteriormente un livello elevato di prolattina?

Un aumento della prolattina appena sopra il limite superiore di normalità di solito non significa malattia, e non c'è bisogno di indagarlo ulteriormente.

Cos'è un livello di prolattina leggermente elevato?

Il livello normale di prolattina negli uomini è generalmente inferiore a 10 ng/mL (in un'altra unità 200 mIU/L – milliunità internazionale/litro), e nelle donne inferiore a 20 ng/mL (nanogrammi/millilitro) (400 mIU/L). Gli aumenti di prolattina dovuti ai farmaci sono di solito inferiori a 100 ng/mL. Nei microadenomi i livelli di prolattina possono trovarsi oltre 100 ng/mL, ma tipicamente ancora sotto 250 ng/mL, mentre nei macroadenomi i livelli sonodi diverse migliaia (di solito oltre 500 ng/mL).

Livelli di prolattina moderatamente aumentati che sono inferiori a 30–40 ng/mL (600–1000 mIU/L) e asintomatici sono piuttosto comuni, e questi sono per lo più non correlati alla malattia, quindi non c'è motivo di preoccupazione. Può anche accadere che la prolattina aumenti a causa di una reazione allo stress indotta da una puntura venosa, poiché la prolattina si comporta anche come un ormone dello stress (Capitolo 5, Box 5.2).

Esiste una forma di prolattina il cui livello elevato non è correlato alla malattia?

Può succedere che le molecole di prolattina si aggrappino l'una all'altra e si formi una grande molecola chiamata macroprolattina che non è in grado di agire biologicamente. Le misurazioni di routine in laboratorio di solito non rivelano questa forma. La misurazione della macroprolattina è proposta in tutti i casi di elevazione della prolattina. Se c'è principalmente macroprolattina e non ci sono sintomi, non dovrebbe essere trattata.

Come si tratta il prolattinoma?

Il prolattinoma è una eccezione tra i tumori ipofisari, poiché il suo primo trattamento è effettuato con farmaci e non con la chirurgia. Si usano farmaci che agiscono come la dopamina dell'ipotalamo inibendo la produzione di prolattina. Questi farmaci sono chiamati agonisti della dopamina (Box 2.2). Si usano tre farmaci: bromocriptina, quinagolide e cabergolina. La cabergolina è la più efficace. Mentre la bromocriptina e la quinagolide dovrebbero essere prese quotidianamente, la dose iniziale di cabergolina è due volte a settimana. Questi farmaci non solo riducono la produzione di prolattina ma sono in grado di ridurre efficacemente la dimensione del tumore che produce prolattina. Nella maggior parte dei casi, il prolattinoma può essere completamente guarito usando questi farmaci.

> **Box 2.2**
>
> Cos'è un **agonista** ? Un agonista è una molecola che attiva il recettore a cui è legata. Gli agonisti della dopamina attivano il recettore della dopamina ed esercitano un'azione corrispondente alla dopamina stessa. Al contrario, un **antagonista** inibisce il recettore, e quindi ostacola il legame di un ormone (o altra molecola) che altrimenti sarebbe capace di attivare il recettore. Un antagonista quindi inibisce l'azione ormonale.

Qual è l'effetto collaterale principale dei farmaci agonisti della dopamina?

La diminuzione della pressione sanguigna dopo essersi alzati improvvisamente è l'effetto collaterale più comunemente osservato. Si consiglia di introdurre questi farmaci agonisti in fasi, aumentando gradualmente la loro dose. I farmaci dovrebbero inizialmente essere presi alla sera e di solito sono ben tollerati.

Per quanto tempo dovrebbe essere continuato il trattamento con agonisti della dopamina?

Questi farmaci devono essere presi per anni. Non è chiaro nella letteratura quando la loro somministrazione può essere interrotta. La maggior parte dei pazienti prende questi farmaci con controlli regolari per almeno cinque anni ma sono anche possibili periodi di trattamento più lunghi di dieci anni.

Con quale frequenza i pazienti dovrebbero essere consultati?

I livelli di prolattina vengono di solito controllati ogni 3 mesi dopo l'inizio del trattamento. Da quel momento in poi, dopo l'aggiustamento della dose è sufficiente ogni 6 mesi. Il controllo RM dei macroadenomi è necessario annualmente. Di solito non è necessario ripetere la RM più frequentemente, poiché i cambiamenti di dimensione avvengono piuttosto lentamente. Nel caso di microadenomi, la RM non è necessaria ogni anno.

Quando è richiesto un intervento chirurgico?

I prolattinomi reagiscono per lo più bene al trattamento farmacologico, ma raramente, si possono osservare anche adenomi resistenti ai farmaci. Un intervento chirurgico urgente è necessario se c'è il pericolo di una perdita visiva imminente o di un sanguinamento del macroadenoma.

E la gravidanza? Le donne trattate per prolattinoma possono intraprendere la gravidanza?

La ridotta fertilità è un sintomo importante del prolattinoma. Trattando il prolattinoma, i cicli mestruali si normalizzano e la fertilità ritorna. In caso di un microadenoma trattato medicalmente, la gravidanza è di solito sicura, ma si consiglia di ridurre la dose e interrompere gli agonisti della dopamina dopo la conferma della gravidanza. La dimensione dell'ipofisi di solito aumenta durante la normale gravidanza, e questo vale anche per i prolattinomi. Un piccolo microadenoma non aumenta di dimensione a tal punto da causare una perdita del campo visivo o altri effetti di massa.

Nel caso di macroadenomi che producono prolattina, tuttavia, il pericolo di crescita del tumore che risulta in una perdita del campo visivo o altri effetti di massa (come la paralisi dei nervi cerebrali) è reale. È quindi vantaggioso rimandare la gravidanza fino a quando la dimensione del tumore è notevolmente ridotta dal trattamento farmacologico. Se la paziente non intende aspettare per questo periodo, può essere eseguito un intervento chirurgico. L'indagine oftalmologica del campo visivo è richiesta ogni 3 mesi in pazienti con macroadenoma. La RM è preferibilmente evitata durante la gravidanza, ma non completamente controindicata come sarebbe la TC per l'uso di raggi X. Se l'agonista della dopamina inibente la prolattina non può essere interrotto, di solito si preferisce la bromocriptina poiché non risultano eventuali effetti dannosi sul feto.

2.4   Malattie associate all'ormone della crescita

Il lobo anteriore dell' ipofisi produce **ormone della crescita (GH)**. L'ormone della crescita stimola la proliferazione cellulare sia direttamente che indirettamente tramite l'induzione della produzione del **fattore di crescita simile all'insulina 1 (IGF-1)**. Il GH stimola la crescita dei tessuti e del corpo (crescita lineare). Il GH promuove anche la crescita dei muscoli, aumenta le prestazioni cardiache, riduce la quantità di grasso e agisce contro l'insulina. Nell'uomo, sia la sua sovrapproduzione che la sua carenza sono associate a malattie.

2.4.1 Sovrapproduzione di ormone della crescita: acromegalia e gigantismo

La sovrapproduzione di ormone della crescita è una malattia rara causata quasi invariabilmente da un tumore benigno (adenoma) del lobo anteriore della ipofisi. Se la sovrapproduzione di GH inizia prima della pubertà, l'intero corpo crescerà proporzionalmente e il risultato sarà il gigantismo. I pazienti giganti sono giganti proporzionati, il che significa che le loro parti del corpo sono nelle stesse proporzioni delle persone normali. Il paziente più alto documentato con gigantismo era l'americano Robert Wadlow, deceduto, con un'altezza di 272 cm (Fig. 2.8).

Dopo la pubertà, tuttavia, le cartilagini di accrescimento delle ossa si chiudono (ossificano) e la crescita longitudinale delle ossa non è più possibile, quindi l'altezza non può aumentare. La sovrapproduzione di GH dopo la pubertà porta alla malattia chiamata acromegalia, dove le parti periferiche del corpo crescono, compreso l'allargamento delle dita (dita a salsiccia), e parti della testa diventano prominenti (fronte, sopracciglia, mento, orecchio, naso, labbra) (Fig. 2.9). Gli

Fig. 2.8 Foto da una cartolina che mostra Robert Wadlow, l'uomo più alto mai documentato insieme a suo padre. (Fonte: Wikimedia, Pubblico Dominio, https://it.wikipedia.org/wiki/Robert_Wadlow#/media/File:Robert_Wadlow_postcard.jpg)

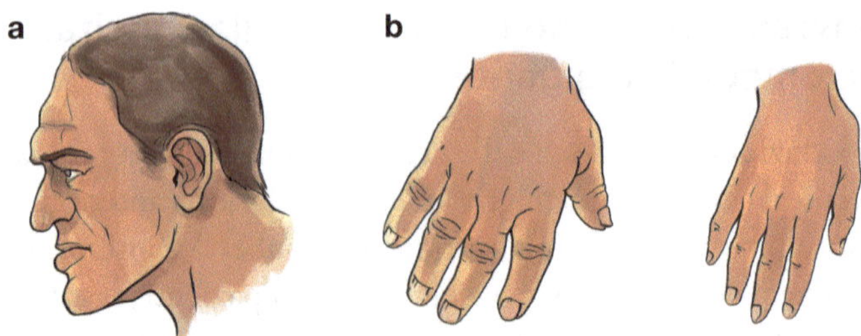

Fig. 2.9 Cambiamenti tipici nell'acromegalia. **a** naso grande, sopracciglio e mento sporgenti, orecchio grande; **b** ingrandimento della mano e dita a salsiccia, rispetto a una mano normale

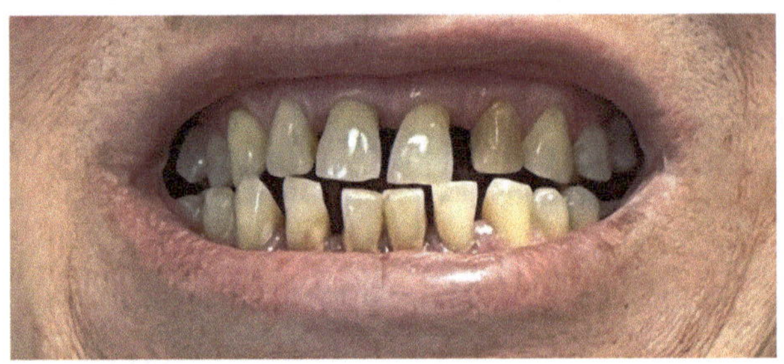

Fig. 2.10   Dentatura di un paziente con acromegalia. Notare il largo interspazio fra i denti

spazi tra i denti possono diventare più larghi poiché le mascelle crescono ma i denti no (Fig. 2.10). Anche gli organi interni come la lingua, il cuore e gli organi addominali possono ingrandirsi. Può svilupparsi l'insufficienza cardiaca. Con la crescita della laringe, la voce può diventare più profonda. Possono insorgere difficoltà respiratorie tra cui l'apnea durante il sonno (vedi Capitolo 8, Box 8.2 per ulteriori dettagli) a causa della stenosi delle vie aeree superiori.

L'acromegalia e il gigantismo sono quindi due forme della stessa malattia, l'unica differenza è se la sovrapproduzione di GH inizia prima o dopo la pubertà. Il gigantismo è molto raro nei paesi sviluppati oggi, poiché i casi diagnosticati vengono trattati per prevenire una crescita incontrollata.

Si suppone che alcune persone storiche abbiano avuto il gigantismo come il Biblico Golia (discusso anche nel Capitolo 10 sulla Neoplasia Endocrina Multipla). Si sospetta l'acromegalia/gigantismo nel faraone egiziano Ehnaton, e nell'imperatore romano Massimino Trace (Fig. 2.11) basato sulla loro apparenza e descrizione nei manufatti rimasti. Gli esperti non sono tuttavia d'accordo, riguardo Ehnaton. Diversi giganti sono stati impiegati nell'industria dell'intrattenimento come il wrestling, ad esempio i giganti André e Gonzalez. È anche probabile che il volto del cartone animato Shrek sia basato sull' aspetto di un lottatore francese acromegalico, Maurice Tillet (Fig. 2.12), che era attivo negli anni '40 e '50.

Fig. 2.11 Immagine dell'imperatore romano, Massimino Trace su una moneta d'argento. Il mento sporgente è evidente. Le fonti storiche descrivono che l'imperatore era molto alto, e quindi probabilmente soffriva di gigantismo. (Foto scattata dall'autore.)

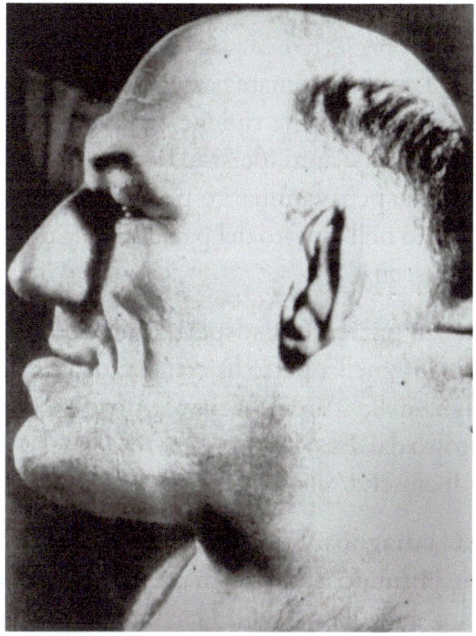

Fig. 2.12 Ritratto di Maurice Tillet, un lottatore francese. Si può osservare un mento sporgente e un naso grande. La deformità dell'orecchio, tuttavia, potrebbe essere piuttosto la conseguenza della lotta. (Fonte: Wikimedia, Pubblico Dominio, https://commons.wikimedia.org/wiki/File:Maurice_Tillet.png)

Fig. 2.13 Aspetto di una strega nelle fiabe: naso grande, lingua lunga, verruche sulla pelle – somiglianza con l'aspetto delle pazienti acromegaliche

Penso che anche l'immagine delle streghe nelle fiabe e nella cultura popolare assomigli a quella dell'acromegalia con un grande naso, lingua, mento prominente, e verruche cutanee (Fig. 2.13). Si potrebbe anche supporre che nel medioevo siano state bruciate alcune sfortunate pazienti acromegaliche ritenute streghe.

Nonostante queste caratteristiche tipiche, la diagnosi di acromegalia non è facile e possono passare diversi anni, persino decenni fino a quando la diagnosi viene formulata. È difficile per i familiari o per il medico curante riconoscere il cambiamento molto lento nell'aspetto del paziente, e la diagnosi è quindi spesso fatta da una nuova conoscenza.

Cosa chiede il medico al paziente se sospetta l'acromegalia?
Per rendere il cambiamento nell'aspetto fisico il più oggettivo possibile, il medico può chiedere se la taglia delle scarpe o dei guanti del paziente è aumentata o se un anello può essere tolto dal dito (se indossato). Se l'anello non può essere tolto, può essere un segno di crescita/allargamento del dito.

Come viene stabilita la diagnosi ormonale?
Per lo screening, viene misurato **il fattore di crescita simile all'insulina 1 (IGF-1)** poiché è un mediatore regolato dal GH e il suo livello sierico è più stabile. La concentrazione di GH nel sangue, d'altra parte, è molto variabile: può essere normale al momento del prelievo del sangue in individui acromegalici o elevata in una persona comune a causa dello stress. Nei pazienti acromegalici, l'IGF-1 è notevolmente elevato ed è uno screening affidabile per la malattia. Per confermare la malattia, viene eseguito un test di tolleranza al glucosio orale (con 75 g di glucosio e misurazioni di GH ogni 30 minuti). Normalmente la somministrazione

di glucosio sopprime la produzione di GH, ma ciò non accade nei pazienti con acromegalia/gigantismo. (Il test di tolleranza al glucosio orale con 75 g di glucosio viene eseguito anche per la diagnosi del diabete mellito, ma in quel caso il valore di glucosio più importante è a 2 ore dopo la somministrazione di glucosio e viene misurato solo il glucosio nel sangue.)

Come troviamo la fonte della sovrapproduzione di GH?
La fonte della sovrapproduzione di GH è quasi invariabilmente nella ipofisi, quindi l'imaging viene eseguito di solito con la risonanza magnetica. Se la risonanza magnetica non può essere eseguita (ad es. il paziente ha un vecchio pacemaker non adatto per la procedura), può essere eseguita anche una TAC, che però può mostrare solo grandi adenomi (macroadenoma con un diametro superiore a 10 mm). La sovrapproduzione di GH può essere causata sia da micro- che da macroadenomi dell'ipofisi.

Come viene trattata l'acromegalia/il gigantismo?
La rimozione chirurgica dell'adenoma è la terapia di prima linea. L' intervento viene di solito eseguito attraverso il naso in modo da non danneggiare il cervello. Il tasso di guarigione è del 70–90% per adenomi sotto i 10 mm di diametro (microadenoma), ma è complessivamente inferiore per i macroadenomi.

Come trattamento di seconda linea, possono essere utilizzati gli **analoghi della somatostatina** (octreotide, lanreotide, o il più recentemente sviluppato pasireotide) per inibire la secrezione di GH.

È disponibile anche una molecola che lega il recettore del GH e quindi inibisce la sua azione (pegvisomant): questa può anche essere utilizzata in combinazione con analoghi della somatostatina.

Può essere eseguita l'irradiazione dell'adenoma, ma come discusso prima questo è il trattamento più lento in quanto potrebbe richiedere diversi anni per raggiungere la piena azione.

Quali sono le principali complicanze dell' acromegalia/gigantismo?
Oltre alle caratteristiche estetiche, l'acromegalia/gigantismo è anche una grave malattia. Se non trattati, i pazienti muoiono principalmente di malattie cardiovascolari (insufficienza cardiaca), problemi respiratori e cancro (principalmente intestino crasso). Il rischio di cancro è leggermente aumentato a causa dell'effetto stimolante del GH sulla proliferazione cellulare.

2.4.2 Deficit dell'ormone della crescita

Il deficit di GH nei bambini provoca una bassa statura proporzionale e viene quindi scoperto durante i regolari controlli che valutano la crescita. La bassa statura proporzionale significa che le varie parti del corpo rimangono proporzionate l'una all'altra, e quindi il paziente colpito sembra un adulto normale di bassa sta

Fig. 2.14 Dettaglio del dipinto "Las Meninas" del maestro spagnolo, Diego Velazquez (Museo del Prado, Madrid, Spagna). La figura centrale (Mari Barbosa) è di statura bassa, ma con arti sproporzionatamente corti e fronte sporgente. Questi segni suggeriscono la possibilità di un disturbo ereditario genetico dello sviluppo della cartilagine, chiamato acondroplasia. Il ragazzo sulla destra, chiamato Nicolasito Pertusato, era in realtà un adulto di statura proporzionalmente bassa, e molto probabilmente aveva sofferto di carenza di GH. (Fonte: Wikimedia Commons, Pubblico Dominio. https://commons.wikimedia.org/wiki/File:Las_Meninas,_by_Diego_Vel%C3%A1zquez,_from_Prado_in_Google_Earth-x1-y1.jpg#filelinks)

tura. Viceversa, è nota anche una bassa statura sproporzionata, ad esempio quando la testa è troppo grande rispetto al corpo e gli arti sono corti, come nel caso dell' acondroplasia che è dovuta a problemi di sviluppo della cartilagine (Fig. 2.14).

Il deficit di GH può essere congenito, principalmente a causa di fattori genetici, o può anche essere acquisito (ad es. a causa di tumori della regione ipofisaria o del loro trattamento). Il deficit di GH può essere isolato, nel senso che è l'unico ormone dell'ipofisi mancante, o può essere combinato con altri deficit ormonali. La diagnosi di deficit combinato viene fatta prima, poiché la mancanza di altri ormoni importanti (come l'ormone stimolante la tiroide (TSH) o l'adrenocorticotropina (ACTH) che regolano rispettivamente la tiroide e la corteccia surrenale,) provoca sintomi che portano a una diagnosi precoce.

Come viene stabilita la diagnosi di deficit di GH nei bambini?
Solitamente vengono determinate nel sangue la concentrazione di IGF-1 e di una delle sue proteine leganti (IGFBP3) insieme all'età ossea e alla velocità di crescita. IGF-1 e IGFBP3 sono solitamente molto basse nei bambini affetti. L'età ossea è correlata alla maturità delle ossa e può essere valutata mediante esami radiografici. Sono disponibili anche test di stimolazione del GH (ad esempio, utilizzando clonidina, arginina o glucagone noti per stimolare il rilascio di GH dall'ipofisi). Dovrebbe essere eseguita anche una risonanza magnetica dell' ipofisi per osservare possibili alterazioni morfologiche.

Come si tratta la carenza di GH?
Essendo una proteina, il GH deve essere somministrato tramite iniezione. Oggi si utilizza il GH ricombinante, prodotto con metodi di biologia molecolare. Il GH viene per lo più somministrato come iniezione giornaliera utilizzando una penna simile a quelle utilizzate per la somministrazione di insulina, ma sono disponibili anche preparati con periodi di somministrazione più lunghi (ad es. una volta alla settimana). Il trattamento della carenza di GH è molto efficace, poiché nella maggior parte dei pazienti si può raggiungere l'altezza desiderata. Dopo la chiusura delle cartilagini di accrescimento, l'altezza corporea non aumenta ulteriormente. Tuttavia, il trattamento con GH può essere continuato negli adulti, se si può verificare una carenza (vedi più avanti). Il periodo di transizione richiede la collaborazione fra endocrinologi pediatrici e dell'adulto.

Come monitoriamo l'efficacia del trattamento con GH nei bambini?
Dovrebbero essere regolarmente valutati ilivelli di IGF-1 nel sangue, insieme alla velocità di crescita e al peso corporeo.

E per gli adulti?
Poiché gli adulti non possono più crescere a causa della chiusura delle loro cartilagini di accrescimento, la mancanza di GH non comporta alcun cambiamento di altezza. A differenza di TSH o ACTH che regolano le ghiandole endocrine di importanza critica (tiroide e surreni), il GH negli adulti non è un ormone fondamentale. Tuttavia, a causa delle azioni diffuse del GH, la carenza può anche influenzare gli individui adulti. Gli adulti con carenza di GH hanno un aumento della quantità di grasso, una riduzione della forza muscolare, un peggioramento del metabolismo dei carboidrati e anche il cuore è interessato. Nel complesso, i pazienti adulti con carenza di GH lamentano un deterioramento generale dello stato di salute. Negli adulti con carenza di GH la sostituzione del GH migliora il loro benessere e il metabolismo dei carboidrati, aumenta la forza muscolare e riduce la quantità di grasso. Aiuta il benessere e migliora l'umore.

Come si diagnostica la carenza di GH negli adulti?

Dovrebbe essere misurato l'IGF-1, ma vengono solitamente eseguiti anche test di stimolazione. Il test classico è l'ipoglicemia indotta dall'insulina, dove l'insulina endovenosa provoca un basso livello di glucosio nel siero (chiamato ipoglicemia) e quindi malessere. Il basso livello di glucosio nel siero provoca il rilascio di GH e anche di ACTH, e se i picchi misurati sono al di sotto di certe soglie, può essere stabilita la diagnosi di carenza ormonale. Poiché il basso livello di glucosio nel siero può essere pericoloso, questo test dovrebbe essere eseguito solo sotto costante presenza medica. Ci sono anche altri test di stimolazione, come il macimorelin, il glucagone, l'arginina-GHRH (ormone di rilascio dell'ormone della crescita).

Come si tratta la carenza di GH negli adulti?

Come nei bambini, ilGH dovrebbe essere somministrato tramite iniezioni. La dose di GH viene regolata in base ai livelli di IGF-1.

Ci sono effetti collaterali del trattamento con GH?

Gli effetti collaterali più frequenti includono dolori articolari, intorpidimento, alterata tolleranza al glucosio (una condizione che precede il diabete mellito), gonfiore dei tessuti molli (edema) e la cosiddetta sindrome del tunnel carpale (ispessimento di un legamento al polso che comprime i nervi che passano sotto provocando sensazioni strane).

Dovrebbe essere somministrato GH alle persone anziane?

L'invecchiamento normale è associato a un calo della secrezione di GH insieme ad altri ormoni (ad es. testosterone negli uomini). Molte caratteristiche della carenza di GH si sovrappongono all'invecchiamento normale (ad es. diminuzione della massa muscolare, aumento del grasso corporeo, riduzione della qualità della vita), tuttavia, la comunità medica non sostiene l'uso di GH contro il normale invecchiamento. Non c'è un beneficio chiaro. Inoltre, ci possono essere effetti collaterali e non è chiaro come influisce sulla aspettativa di vita (potrebbe addirittura ridurla).

2.5   Insufficienza ipofisaria

L'insufficienza ipofisaria si riferisce alla insufficiente produzione di ormoni dal lobo anteriore della ipofisi, tra cui TSH, ACTH, LH e FSH (Capitolo 2.1) e GH (Capitolo 2.4.2).

Per quanto riguarda gli ormoni del lobo posteriore, la carenza dell'ormone antidiuretico che regola l'omeostasi dell'acqua è una malattia nota (presentata nella prossima parte (2.6)).

Quanto è comune l'insufficienza ipofisaria?

L'insufficienza ipofisaria è relativamente rara. È più spesso causata da traumi cranici e cerebrali, o osservata dopo un intervento chirurgico al cervello, o a causa di danni all' ipofosi da parte di tumori. L'insufficienza ipofisaria correlata al trauma cranico è un campo intensamente studiato, poiché si è scoperto che molteplici traumi cranici precedenti possono successivamente portare a un'insufficienza ipofisaria sintomatica. Negli sportivi che praticano attività in cui i colpi al cranio sono comuni come gli sport da combattimento o il football americano, può svilupparsi l'insufficienza ipofisaria. Inoltre, questo è stato osservato anche in altri sport competitivi. È quindi consigliabile esaminare gli ormoni ipofisari dopo i traumi cranici. Raramente, durante il parto, nella madre, può verificarsi un'emorragia e un danno tissutale all'ipofisi.

Quali sono i sintomi dell'insufficienza ipofisaria?

L'insufficienza ipofisaria si manifesta come una combinazione di carenze ormonali dovute alla mancanza di vari ormoni. Affaticamento, debolezza, vertigini e bassa pressione sanguigna sono sintomi comuni. La pressione sanguigna può diminuire significativamente quando ci si alza in piedi e causare vertigini. Sul viso possono comparire delle rughe sottili (Fig. 2.15). La produzione insufficiente di ormoni sessuali comporta una diminuzione dei peli del viso negli uomini, e i pazienti colpiti devono radersi meno frequentemente. Anche i peli del corpo possono essere più scarsi. La mancanza di ormoni tiroidei può portare a sonnolenza, lentezza, battito cardiaco lento e stitichezza (movimenti intestinali infrequenti o difficile passaggio delle feci). L'incapacità di allattare può essere un segno iniziale di insufficienza ipofisaria causata dal parto e può essere seguita successivamente da altri sintomi.

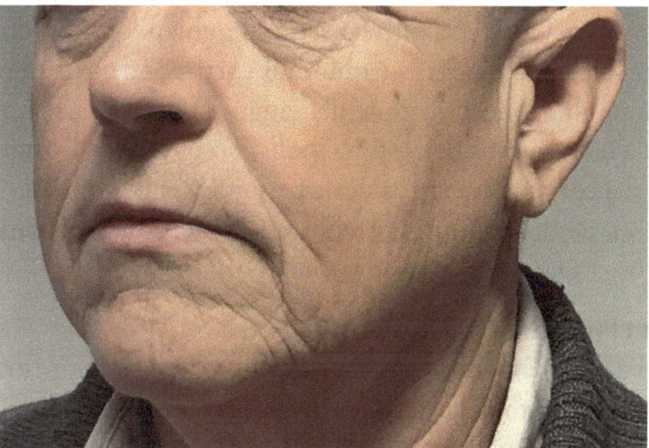

Fig. 2.15 Il volto di un paziente maschio affetto da insufficienza ipofisaria con tipiche rughe sottili. È evidente anche la mancanza di crescita dei peli sul viso

Sono carenti tutti gli ormoni o solo alcuni?

Se c'è il sospetto di insufficienza ipofisaria, sono necessari esami ormonali dettagliati per scoprire quali ormoni sono carenti. Nei casi più gravi, tutti gli ormoni del lobo anteriore, tra cui ACTH, TSH, LH, FSH, GH e prolattina sono assenti. Mentre la mancanza di prolattina colpisce principalmente l'allattamento, gli altri ormoni sono coinvolti nei sintomi descritti sopra.

Le cellule ipofisarie che producono ACTH e TSH sono meno sensibili ai danni rispetto a quelle responsabili della produzione di LH/FSH e ormone della crescita, e quindi è abbastanza comune che la produzione di questi ultimi cessi mentre ACTH e TSH sono conservati. Questo può anche essere interpretato come prova che l'ormone della crescita non è vitale per la sopravvivenza, insieme agli ormoni necessari per la riproduzione, che perciò vengono persi per primi, mentre il corpo cerca di salvare gli ormoni che regolano la corteccia surrenale e la tiroide che sono coinvolti nella regolazione delle funzioni corporee fondamentali.

È tuttavia possibile che venga perso solo uno o pochi ormoni. Per esempio è nota la carenza isolata di ACTH.

Quali esami ormonali sono necessari per valutare l'insufficienza ipofisaria?

Devono essere esaminati i diversi sistemi ormonali regolati dall'ipotalamo e dalla ipofisi: **cortisolo-ACTH** per esaminare la corteccia surrenale, **T4 libera (L-Tiroxina)-TSH** per la tiroide, poi per indagare le ghiandole riproduttive, **testosterone** negli uomini e **estrogeni** nelle donne insieme all' LH/FSH. Dovrebbe anche essere esaminata l'attività dell'ormone della crescita, e per questo scopo viene misurato l'IGF-1. Anche il livello di prolattina dovrebbe essere accertato. Gli ormoni provenienti dagli organi periferici produttori di ormoni devono essere misurati in aggiunta agli ormoni ipofisari, in modo che possiamo differenziare **carenze ormonali primarie e secondarie**. In caso di carenze ormonali primarie, gli organi periferici produttori di ormoni (corteccia surrenale, tiroide, ghiandole riproduttive [testicoli e ovaie]) sono colpiti da malattie, e quindi il corrispondente ormone regolatore ipofisario avrà un'alta concentrazione nel sangue. Nelle carenze ormonali secondarie causate da una malattia della stessa ipofisi, sia i livelli dell' ormone regolatore ipofisario che del corrispondente ormone periferico saranno bassi.

In alcuni casi, per la diagnosi potrebbe essere necessaria la stimolazione dell' ipofisi o dell' organo periferico produttore di ormoni.

Come si tratta l'insufficienza ipofisaria?

Il trattamento è relativamente semplice, devono essere somministrati gli ormoni carenti. Come presentato nel capitolo introduttivo di questo libro, per la sostituzione vengono utilizzati gli ormoni prodotti dagli organi periferici, piuttosto che gli ormoni dell' ipofisi. (Capitolo 1.4). Questo è in parte spiegato dalla stabilità degli ormoni periferici, poiché questi (come gli ormoni della tiroide, della corticosurrene o sessuali) non sono proteine, e quindi non sono degradati da enzimi proteolitici. Gli ormoni periferici possono essere assunti per via orale e di solito sono molto più economici da sintetizzare rispetto agli ormoni proteici prodotti dalla ipofisi. Pertanto, nel caso di mancata produzione di ACTH a causa dell'insufficienza ipofisaria, al paziente viene somministrato **idrocortisone** corrispondente al cortisolo prodotto dalla corteccia surrenalica, e in caso di carenza di TSH, **levotiroxina** (L-Tiroxina, T4). Se c'è una carenza di LH/FSH, la forma di sostituzione ormonale è definita dall'obiettivo del trattamento. Se si vuole raggiungere solo una normale funzione sessuale maschile e femminile, ma non il ripristino della fertilità e della riproduzione, il testosterone negli uomini e l'estrogeno nelle donne sono sufficienti. Per garantire cicli mestruali normali nelle donne adulte, è necessario anche il progesterone ma per lo sviluppo delle caratteristiche sessuali femminili nelle ragazze, l'estrogeno è sufficiente. Estrogeno e progesterone sono contenuti nei contraccettivi. Poiché il testosterone in compresse potrebbe danneggiare il fegato, viene principalmente somministrato sotto forma di preparati gel che possono essere spalmati sulla pelle (Box 2.3), o somministrato in iniezioni intramuscolari profonde una volta ogni diverse settimane o mesi. Quando si somministra il testosterone, dovrebbe essere controllato anche l'emocromo insieme al livello di testosterone, poiché il testosterone può aumentare la formazione di globuli rossi.

È importante iniziare prima con la sostituzione dell'ormone corticosurrenalico (Box 2.4). La spiegazione di ciò risiede nell'attività di promozione del metabolismo degli ormoni tiroidei. L'ormone tiroideo stimola la degradazione degli altri ormoni, compreso il cortisolo corticosurrenalico, e se somministrato per primo, il basso livello degli ormoni surrenalici può diminuire ulteriormente, provocando un'insufficienza surrenalica acuta, che potrebbe essere caratterizzata da grave nausea, vomito, vertigini e febbre. (Box 2.5)

Box 2.3

Consigli sull'assunzione di farmaci: A cosa bisogna fare attenzione quando si usa il gel di testosterone sulla pelle?
Il gel dovrebbe essere usato ogni giorno alla stessa ora, principalmente al mattino. Dovrebbe essere usato sulle spalle e sulla pancia. Il gel non dovrebbe essere usato sulla pelle genitale poiché il suo contenuto di alcool potrebbe irritare la pelle sottile. È importante aspettare che il gel sia assorbito, e prima del suo completo assorbimento, il contatto con le donne dovrebbe essere evitato, poiché il gel di testosterone può provocare un aumento della crescita dei peli e caratteristiche sessuali maschili in ragazze e donne. Questi possono certamente verificarsi solo dopo ripetuti contatti.

Box 2.4

Consigli sull'assunzione di farmaci:
Se il paziente prende sia l'idrocortisone che la levotiroxina, la levotiroxina dovrebbe essere presa per prima a stomaco vuoto, e poi, dopo mezz'ora, dovrebbe essere preso , l'idrocortisone preferibilmente durante un pasto.

Box 2.5

Importante: Che l'insufficienza corticosurrenalica sia di origine ipofisaria (secondaria) o surrenalica (primaria), la dose di idrocortisone dovrebbe sempre essere aumentata in caso di infezioni, interventi chirurgici o incidenti. Questo aumento non può causare danni, ma può prevenire problemi gravi. I pazienti dovrebbero essere forniti di una carta di emergenza che mostra la loro malattia e la necessità di terapia sostitutiva ormonale (Fig. 2.16).

Fig. 2.16   Una tessera di emergenza rilasciata dalla Società Europea di Endocrinologia che indica che il paziente soffre di insufficienza surrenalica e assume idrocortisone. È importante che tutti i pazienti affetti da insufficienza surrenalica secondaria causata da malattia ipofisaria o da insufficienza surrenalica primaria dovuta a malattia surrenalica portino sempre con sé tale tessera. In caso di qualsiasi problema di salute, il personale medico contattato può così essere facilmente informato sulla loro malattia e sulla gestione necessaria. (Copyright Società Italiana di Endocrinologia, riprodotto con permesso.)

Come può essere controllata la sostituzione con l'ormone tiroideo?
A differenza della forma molto più diffusa di ipotiroidismo primitivo (Capitolo 3.3.), dove la malattia della la ghiandola tiroidea è responsabile dell'ipofunzione, qui dovrebbe essere controllato il livello ematico di T4 libera (fT4). Il TSH che viene utilizzato per controllare la terapia sostitutiva nella forma di ipotiroidismo primitivo non è adatto, poiché nell'insufficienza ipofisaria il TSH è basso.

Dovrebbero essere modificate le dosi di farmaci in caso di chirurgia, trauma o infezione?
L'ormone della corteccia surrenale, il cortisolo, è uno dei più importanti ormoni di risposta allo stress e la suaproduzione aumenta significativamente in situazioni stressanti (Capitolo 5, Box 5.2). Nelle insufficienze ipofisarie e corticosurrenaliche, questo aumento non può avvenire, e quindi dobbiamo aumentare la dose di cortisolo (idrocortisone) (Box 2.5). Se è presente una lieve infezione come un raffreddore, la dose giornaliera dovrebbe essere aumentata due- o tre volte, ma in caso di infezioni gravi od operazioni, il cortisolo dovrebbe essere somministrato in infusione anche quattro volte al giorno. Sono necessarie dosi differenti nelle diverse forme di chirurgia e anestesia. I pazienti possono anche essere riforniti di iniezioni di idrocortisone e addestrati a iniettarle intramuscolarmente quando l'assunzione orale di farmaci non è possibile a causa di intensa nausea o vomito.

Cosa dovrebbe essere fatto se il paziente vuole avere figli?
Le caratteristiche sessuali secondarie (come i peli del corpo e il seno nelle donne (Capitolo 6, Box 6.3)), la normale funzione sessuale e la libido possono essere sviluppate e mantenute fornendo ormoni sessuali periferici, ma per la formazione delle cellule germinali, sono necessari anche gli ormoni ipofisari. Essendo proteine, questi possono essere solo somministrati come iniezioni. I pazienti ricevono iniezioni sottocutanee con attività FSH e LH una o due volte alla settimana. Di solito, invece di LH viene somministrato l'ormone hCG (Box 2.6).

Box 2.6

Cos'è l'hCG? La gonadotropina corionica è un ormone prodotto dalla placenta durante la gravidanza ed ha un ruolo importante nella regolazione del funzionamento ovarico, produzione di estrogeni e progesterone. L'hCG è molto simile all'LH sia nella struttura che nella sua azione.

Oggi si utilizzano ormoni sintetici, artificialmente prodotti, ma alcuni decenni fa, venivano applicati ormoni isolati dall'urina di donne in menopausa e cavalle gravide. La produzione di LH/FSH aumenta significativamente dopo la menopausa a causa della cessazione del funzionamento ovarico, poiché senza produzione di estrogeni non c'è feedback. Questi ormoni sono prodotti anche in grandi quantità durante la gravidanza; quindi l'urina di cavalle gravide era utile.

Il ripristino della fertilità è un processo lungo, e le iniezioni dovrebbero essere continuate per diversi mesi per ripristinare la normale fertilità.

È anche necessario sostituire la prolattina?
La prolattina non viene sostituita poiché la sua carenza interferisce solo con l'allattamento che potrebbe essere gestito con latte artificiale.

2.6   Diabete insipido

Diabete è una parola di origine greca e si riferisce ad un aumento del volume di urina. La parola diabete viene utilizzata in due malattie: la più comune è il diabete mellito. Mellito in latino significa dolce come il miele, e questo termine è relativo al sapore dolce dell'urina dovuto alle grandi quantità di zucchero nelle sue forme non trattate e gravi. I medici in passato usavano anche il gusto per la diagnosi. Il diabete insipido è molto più raro del diabete mellito, e in questo caso l'urina è insapore. Il diabete insipido è dovuto alla mancanza dell'ormone antidiuretico (ADH, o vasopressina) immagazzinato e rilasciato dal lobo posteriore dell'ipofisi, o all'alterata azione di questo ormone. L'ADH è prodotto dall' ipotalamo, mentre il lobo posteriore lo immagazzina e lo rilascia solamente. Uno dei principali effetti dell'ADH è la stimolazione del riassorbimento dell'acqua nei tubuli del rene tramite un recettore specifico. Ci sono altri effetti dell'ADH, che è anche una delle molecole più potenti nel restringere i vasi (vasoconstrittore) nel corpo, e il suo nome alternativo, vasopressina, si riferisce a questo. Il suo effetto sui vasi è esercitato tramite un altro tipo di recettore.

Il rene filtra il sangue circolante, la maggior parte di questa grande quantità di fluido che passa attraverso viene riassorbita di nuovo nel sangue e allo stesso tempo l'urina diventa più densa e la sua densità aumenta. Questa funzione di filtraggio è fondamentale per la rimozione di sostanze tossiche ed escrete. L'ADH aumenta il riassorbimento dell'acqua nei dotti collettori del rene.

Quali sono i sintomi del diabete insipido?
Il sintomo principale è la grande quantità di urina prodotta e la sete intensa. I pazienti bevono molto per compensare. Nei casi più gravi, la produzione giornaliera di urina può raggiungere 15–20 litri. Questa è molto diluita, simile all'acqua e la sua densità è bassa. Per la sostituzione, il paziente deve bere una analoga quantità di liquido.

Quali sono le principali forme di diabete insipido?
Una mancanza di produzione di ADH può derivare da malattie dell' ipotalamo-ipofisi, ad esempio a causa di un tumore, neurochirurgia, o trauma. Questa forma

è il **diabete insipido centrale** (o anche chiamato carenza di vasopressina). L' **altra forma si sviluppa a causa di malattie renali** (**forma renale**) che è più frequente e meno grave della forma centrale. In questa forma, la produzione di ADH non è influenzata, ma l'ormone non può esercitare effetti appropriati nel rene (quindi anche chiamato resistenza alla vasopressina). Il livello di ADH può essere anche superiore al normale, poiché l'ipofisi cerca di compensare la mancata risposta del rene.

Come viene stabilita la diagnosi di diabete insipido?

Il paziente con diabete insipido non può concentrare la sua urina, in altre parole non può produrre urina densa. Un'altra malattia che dovrebbe essere differenziata dal diabete insipido è l'aumento deliberato dell'assunzione di liquidi (con un termine medico, polidipsia primaria). Questa è più spesso vista in pazienti con disturbi psichiatrici ma può anche essere abituale se l'individuo beve molto più liquido del normale, anche 8–10 litri al giorno. Se qualcuno beve molto liquido, ci sarà anche molta urina, e questa sarà diluita in modo simile come nei pazienti con diabete insipido. Per differenziare il diabete insipido dall'aumento primario dell'assunzione di liquidi, può essere utilizzata il classico test di **privazione d'acqua**. Il paziente non può bere per 6 ore durante il test. Nel vero diabete insipido, il rene non può concentrare l'urina, e quindi la produzione di urina continua durante il test. Negli individui senza diabete insipido ma solo con un aumento dell'assunzione di liquidi, il volume dell'urina diminuisce durante il test. In molte occasioni, tuttavia, la differenziazione di queste due forme non è così semplice. È importante notare che il test di privazione d'acqua può essere pericoloso nei pazienti con diabete insipido, e quindi dovrebbe essere eseguito solo sotto sorveglianza medica. Ci sono metodi di diagnosi più nuovi, come la misurazione dei livelli di **copeptina** nel sangue, ma questi non sono ancora ampiamente disponibili.

Anche RMN può aiutare nella diagnosi della carenza centrale di ADH, poiché possono essere visualizzati il lobo posteriore dell'ipofisi o la sua alterazione o la sua mancanza.

È possibile misurare le concentrazioni di ADH?

Sfortunatamente, è piuttosto difficile misurare con precisione l'ADH, e la misura è disponibile solo in laboratori di ricerca specializzati. La concentrazione di ADH non viene quindi utilizzata nella diagnosi di diabete insipido.

Come si può differenziare il diabete insipido centrale legato all'ipofisi dalla forma legata al rene?

Questo è relativamente facile, poiché somministrando ADH al paziente, il diabete insipido centrale migliora, il volume dell'urina diminuisce e la sua concentrazione aumenta, mentre la forma legata al rene non è influenzata dall'ADH.

Come si tratta il diabete insipido?

Il diabete insipido centrale può essere trattato efficacemente somministrando ADH. In realtà, non si usa l'ADH per il trattamento poiché viene degradato molto facilmente, ma una molecola simile modificata chimicamente, la **desmopressina**. La desmopressina viene somministrata come spray nasale o in compresse. Viene assorbita molto bene attraverso la mucosa nasale. A seconda della gravità della malattia, lo spray nasale viene utilizzato una o due volte al giorno, mentre le compresse vengono di solito somministrate tre volte al giorno.

Nel diabete insipido renale, il problema risiede nell'azione dell'ADH in quanto non può esercitare effetti appropriati nel rene. Questa forma di diabete insipido è di solito più lieve rispetto alla sua controparte centrale, ma è molto più difficile da trattare. È interessante notare che alcuni diuretici e farmaci antinfiammatori non steroidei possono essere utili.

È possibile sovradosare la desmopressina?

Sì. Se i pazienti ricevono troppo desmopressina, l'assorbimento dell'acqua da parte del rene aumenta significativamente e, se l'assunzione di liquidi non viene ridotta, i fluidi corporei (sangue) si diluiscono. Questo non significa che un ulteriore spray nasale o una compressa in più possano causare problemi, ma un dosaggio notevolmente più grande può essere pericoloso. La diluizione del sangue è segnata da una grande riduzione del livello di sodio nel siero. La riduzione del sodio può causare gravi effetti avversi. Questa condizione corrisponde all'intossicazione da acqua quando qualcuno beve una grande quantità di acqua in un breve periodo di tempo.

Cos'è l'intossicazione da acqua?

L'acqua viene assorbita molto bene dal sistema digestivo e quindi, bevendo rapidamente una grande quantità di acqua, questa entra rapidamente nel corpo e nella circolazione sanguigna. Bere diversi litri d'acqua in mezz'ora può già essere pericoloso. Questo può verificarsi deliberatamente o durante l'annegamento. L'assunzione di grandi quantità di liquidi durante una intensa attività sportiva, come la corsa della maratona, potrebbe essere pericolosa. L'organismo non è abituato all'ingestione di grandi quantità di acqua, così che il sangue si diluisce e il suo livello di sodio diminuisce. L'acqua superflua che entra nelle cellule è per lo più problematica nel cervello in quanto può portare a gonfiore, edema. L'intossicazione da acqua può comportare conseguenze neurologiche, nausea, vertigini e in casi gravi anche la morte.

La sovrapproduzione di ADH può essere causata da malattie?

La sovrapproduzione di ADH può verificarsi anche in varie malattie, e questa sindrome è chiamata **SIADH** (sindrome da inappropriata secrezione di ADH). Questo può verificarsi in malattie del sistema nervoso centrale (come infiammazione, tumore, dopo neurochirurgia), altre malattie o anche come effetto collaterale di certi farmaci. La sovrapproduzione di ADH porta a intossicazione cronica da acqua con piccole quantità di urina densa insieme a basso livello di sodio nel sangue. Un importante gruppo di SIADH è associato ai tumori, e questo è per lo più osservato in tumori che si originano in organi che normalmente non producono ADH, come nei tumori polmonari (vedi Capitolo 1, Box 1.7 su sindromi paraneoplastiche).

Come possiamo trattare la sovrapproduzione di ADH?
Il metodo di trattamento più semplice e spesso più efficace è ridurre l'assunzione di liquidi, cioè la restrizione dei liquidi. Riguardo all'aumentato riassorbimento dell'acqua nei reni dovuta alla sovrapproduzione di ADH, un assunzione di liquidi molto minore può essere sufficiente. Si mira a un assunzione giornaliera di liquidi di 800–1000 mL, compresa ogni forma di liquido incluso le zuppe. Le linee guida attuali non propongono un trattamento farmacologico, nonostante la disponibilità di un inibitore selettivo del recettore dell'ADH (tolvaptan). Tuttavia, l'uso a lungo termine del tolvaptan non è raccomandato a causa dei suoi gravi effetti collaterali (pericolo di danni al fegato). Anche l'urea può essere utile.

Una grave riduzione del sodio nel siero può indicare una condizione potenzialmente letale, e in tali casi dovrebbe essere somministrato cloruro di sodio come gestione del paziente ricoverato. Va notato che i livelli di sodio possono essere aumentati solo lentamente e gradualmente, poiché un aumento rapido può provocare gravi danni al sistema nervoso centrale.

3

Malattie della ghiandola tiroidea

3.1 Posizione e funzioni della ghiandola tiroidea

La ghiandola tiroidea è una importante ghiandola endocrina situata sul collo davanti alla laringe e alla parte superiore della trachea. Il suo peso è di circa 10–20 g in adulti sani. La tiroide è composta da due lobi collegati da una stretta banda chiamata istmo (Fig. 3.1).

La tiroide è composta dai cosiddetti follicoli che sono raggruppamenti di cellule simili a noduli (Fig. 3.2) attorno a un fluido viscoso chiamato colloide. La colloide è importante per l'immagazzinamento degli ormoni tiroidei.

La tiroide produce due ormoni: **L-tiroxina (T4)** e **3,5,3′-triiodotironina (T3)**. T3 è l'ormone attivo che viene anche prodotto dalla T4 in vari tessuti corporei per azione degli enzimi deiodinasi. L' ormone attivo significa che è in grado di legare il recettore degli ormoni tiroidei e quindi esercitare un'attività

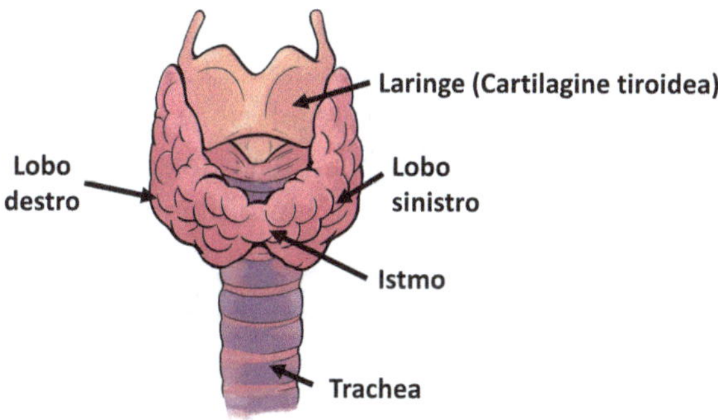

Fig. 3.1 Posizione della ghiandola tiroidea e dei suoi organi vicini

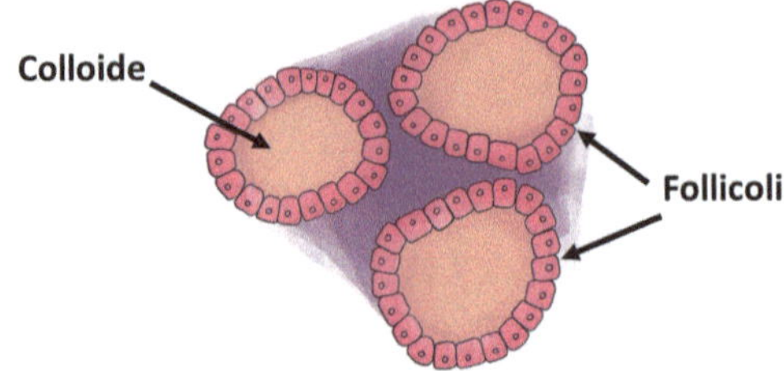

Fig. 3.2 Presentazione schematica della struttura microscopica della tiroide con i follicoli

biologica. Sia T4 che T3 contengono iodio e per questo motivo la carenza di iodio influisce sulla funzione tiroidea. La proteina **tireoglobulina** che è il componente più importante della colloide immagazzina grandi quantità di T3 e T4. rT3 (reverse T3) è un prodotto di degradazione privo di attività biologica senza alcun ruolo importante nella diagnostica di routine. T4 e T3 sono oggi misurate in laboratorio come frazioni libere (fT4 e fT3) (non legate dalle proteine).

Il fabbisogno giornaliero di iodio è di 90 μg (microgrammi) fino all'età di 5 anni e di 120 μg per i bambini tra i 6 e i 12 anni. Per i bambini oltre i 12 anni e gli adulti, si raccomandano quotidianamente 150 μg di iodio. In gravidanza e durante l'allattamento si propone un apporto molto più elevato di 250 μg al giorno secondo l'Organizzazione Mondiale della Sanità. Il pesce e i frutti di mare sono particolarmente ricchi di iodio, le uova, alcune verdure (ad es. sedano) e frutti (limone, ananas, ribes rosso, mora) relativamente, ma loiodio viene anche aggiunto ad alcuni nutrienti (ad es. sale iodato).

La produzione di ormoni tiroidei è regolata in due modi principali: dall' ipofisi e dalla conversione T4→T3. Come altri organi del corpo produttori di ormoni (ad es. le ghiandole surrenali e le ghiandole riproduttive (ovaie, testicoli)), l'ipofisi produce un ormone, chiamato TSH (ormone stimolante la tiroide) che promuove la produzione di ormoni tiroidei e anche la proliferazione delle cellule tiroidee. Il TSH, a sua volta, è regolato da un altro ormone, il TRH (ormone rilasciante TSH) che è prodotto dall'ipotalamo. Come discusso nel Capitolo 1., questo sistema è caratterizzato da una regolazione a feedback negativo, il che significa che l'ormone prodotto dalla ghiandola inibisce la produzione degli ormoni che stimolano il suo rilascio. T4 e T3 inibiscono quindi la produzione di TSH dall'ipofisi e di TRH dall'ipotalamo. Questo delicato sistema di regolazione garantisce che la produzione di ormoni tiroidei sia ben controllata (Fig. 3.3).

Gli ormoni tiroidei sono fondamentali nello sviluppo dell'individuo, in particolare del cervello e del sistema nervoso, dello scheletro e del cuore, ma in realtà tutti gli organi e i tessuti sono influenzati dagli ormoni tiroidei. Oltre a regolare lo sviluppo, gli ormoni tiroidei sono protagonisti nella regolazione del metabolismo, del peso corporeo, della quantità di tessuto adiposo, della regolazione della temperatura corporea, della frequenza cardiaca ecc. Gli ormoni tiroidei accelerano in

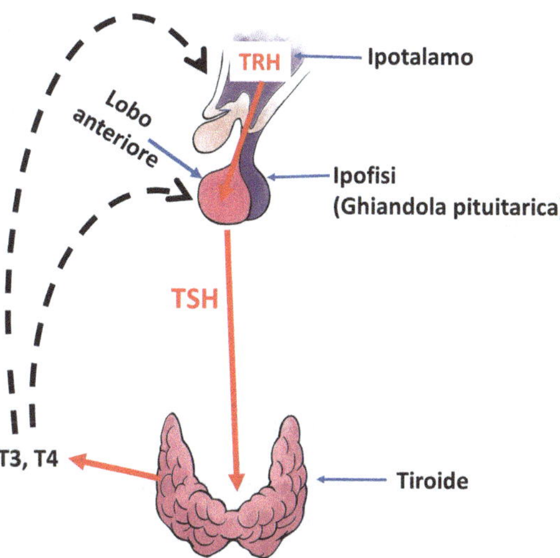

Fig. 3.3 Regolazione del sistema ipotalamo-ipofisi-tiroide. Il TRH è prodotto dall' ipotalamo e raggiunge il lobo anteriore dell'ipofisi tramite il peduncolo ipofisario. Il TRH stimola (frecce rosse dritte) la produzione di TSH dall'ipofisi che raggiunge la tiroide tramite il flusso sanguigno e stimola la produzione di ormoni tiroidei (T4, T3). Gli ormoni tiroidei a loro volta inibiscono la produzione (frecce nere tratteggiate) sia di TRH che di TSH chiudendo così il ciclo regolatorio tramite feedback negativo

generale il metabolismo che si manifesta in un aumento dei movimenti intestinali, della degradazione delle proteine, dei grassi e dei carboidrati. Gli ormoni tiroidei aumentano la frequenza e la contrazione (output cardiaco) cardiaca.

Va notato che la ghiandola tiroidea include anche altre cellule produttrici di ormoni, che sono diverse dalle cellule tiroidee incluse nei follicoli. Queste sono le cellule C che secernono **calcitonina**, un ormone coinvolto nella regolazione del metabolismo del calcio e delle ossa nei pesci riducendo il calcio sierico e aumentandone l'assorbimento nelle ossa. Negli esseri umani, tuttavia, la calcitonina non ha un ruolo importante in questi processi e la mancanza di calcitonina (ad esempio dopo la rimozione della tiroide) non è associata a nessuna malattia.

3.2 Tiroide iperfunzionante (Ipertiroidismo, Tireotossicosi)

La sovrapproduzione di ormoni tiroidei (con i termini medici ipertiroidismo o tireotossicosi) è piuttosto comune, poiché è colpita circa l,1% della popolazione. Come la maggior parte delle malattie della tiroide, è più comune nelle donne ed è spesso riscontrata in giovani pazienti.

A causa degli effetti metabolici degli ormoni tiroidei, la loro sovrapproduzione porta tipicamente a una perdita di peso nonostante un aumento dell'appetito. Sudorazione aumentata, aumento della frequenza cardiaca (anche disturbi del ritmo cardiaco), feci frequenti (anche diarrea), e anche insonnia e inquietudine sono frequentemente osservati. Il colesterolo nel sangue è spesso basso. L'entità di questi sintomi dipende certamente dalla gravità della sovrapproduzione ormonale e i sintomi tipici si vedono più spesso nei soggetti più giovani. Nel complesso, i pazienti colpiti sembrano essere iperattivi come nelle persone che assumono stimolanti.

Ci sono tre cause principali di tiroide iperfunzionante (Box 3.1).

Box 3.1

- **Malattia di Graves** che è di origine autoimmune (Capitolo 1.1) ed è associata con l' ingrandimento dell'intera tiroide (gozzo diffuso) (Fig. 3.4a)
- **Noduli tiroidei funzionanti** che producono ormoni in eccesso (sia un singolo, cosiddetto nodulo tossico o più noduli (gozzo multinodulare)) (Fig. 3.4b)
- **Sovraproduzione transitoria di ormoni tiroidei** dovuta all'infiammazione della tiroide dove il tessuto infiammato si disgrega e gli ormoni vengono rilasciati nel sangue.

La malattia di Graves si vede di solito in individui più giovani, mentre i noduli funzionanti sono più comuni negli anziani.

I sintomi di queste tre forme sono per lo più simili, ma una caratteristica peculiare della malattia di Graves dovrebbe essere notata. I pazienti affetti da malattia di Graves spesso presentano sintomi oculari in circa il 30% dei casi. Questi includono un aumento della produzione di lacrime, o in casi più gravi l'occhio è spinto in avanti dando l'impressione di un ingrandimento dell'occhio (Fig. 3.5). Alcuni sintomi si risolvono spontaneamente con il miglioramento della malattia, ma nei casi più gravi (cosiddetta **orbitopatia endocrina**), il movimento dell'occhio può essere disturbato, l'occhio può diventare rosso e il nervo ottico che conduce

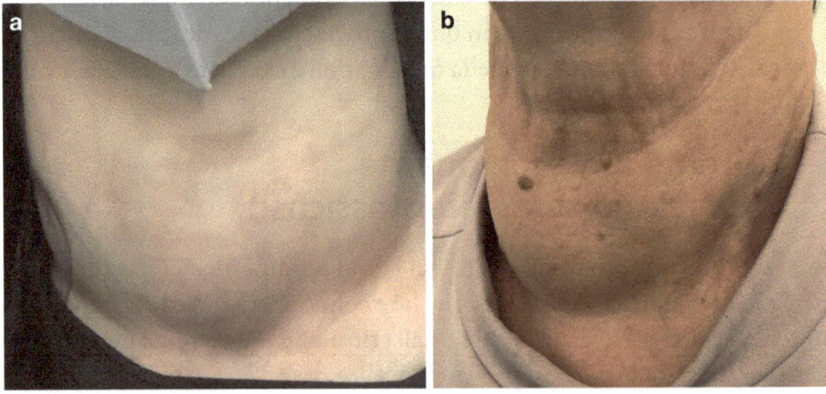

Fig. 3.4 **a** un gozzo diffuso visto nella malattia di Graves' dove l'intera tiroide è simmetricamente ingrandita. **b** Gozzo asimmetrico dovuto a un grande nodulo nel lobo destro della tiroide

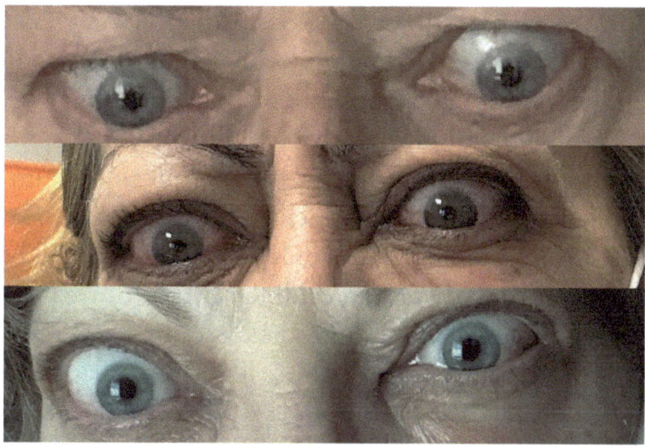

Fig. 3.5 Sintomi oculari nella malattia di Graves. La banda bianca sopra l'iride dà l'impressione che l'occhio appaia più grande e può anche essere vista se il paziente sta guardando verso il basso. Il pannello inferiore mostra un caso grave in cui il movimento dell'occhio è compromesso

i segnali nervosi dall'occhio al cervello può essere anch'esso interessato. Pertanto, la cecità può essere la complicanza più grave dei sintomi oculari.

I pazienti con noduli tiroidei funzionanti non presentano sintomi oculari.

Come stabilisce il medico una diagnosi di tiroide iperfunzionante?

Come per altre malattie endocrine, la prima cosa è la misurazione degli ormoni. Se la tiroide produce eccessivamente T4 e T3, il TSH sarà basso a causa della regolazione del feedback negativo. Pertanto, la misurazione di TSH, fT4 e fT3 mostrerà bassi livelli di TSH e un aumento di fT4 e/o fT3.

Come possiamo scoprire l'origine della sovrapproduzione di ormoni tiroidei?

È importante scoprire se la sovrapproduzione di ormoni tiroidei è legata a un nodulo, o alla malattia di Graves o a un'infiammazione, poiché il loro trattamento è diverso. L'ecografia tiroidea può aiutare, ma non è l'esame definitivo. Nella malattia di Graves, l'ecografia mostra un cambiamento diffuso simile a un'infiammazione in tutta la tiroide, tipicamente senza noduli. L'attività ormonale di un nodulo non può essere determinata dall' ecografia.

La malattia di Graves è causata da un anticorpo che stimola il recettore del TSH come fa il TSH (chiamato **TSI: immunoglobulina stimolante la tiroide**), e il rilevamento del TSI conferma quindi la malattia. L'altra prova è fornita dall'esame isotopico della tiroide, chiamato scintigrafia tiroidea. Durante la scintigrafia tiroidea, viene somministrato un radioisotopo che viene assorbito dalla tiroide e la sua attività funzionale è quindi mostrata rilevando la radiazione emessa. Gli isotopi dello iodio possono certamente essere utilizzati per **la scintigrafia tiroidea**, ma oggi, si preferisce l'isotopo ^{99}Tecnezio-m (^{99m}Tc), poiché ha un'emivita più breve e quindi provoca meno radiazioni, ed è anche assorbito in modo efficiente dalle cellule della tiroide. (L'emivita indica il tempo necessario per la degradazione di una molecola o di un isotopo in questo caso. Più breve è l'emivita, minore è l'esposizione alle radiazioni.) Nella malattia di Graves, l'intera tiroide ingrandita mostra un aumento dell'assorbimento degli isotopi (Fig. 3.6b), mentre un nodulo tossico è tipicamente un unico punto iperattivo (nodulo caldo mentre il resto della tiroide è quasi senza assorbimento, definito "freddo") (Fig. 3.6c). Le zone fredde sono spiegate dal basso TSH nei pazienti con ipertiroidismo da noduli caldi. La tiroide normale ha bisogno del TSH per funzionare, e poiché il nodulo tossico sopprime il TSH, le parti normali della tiroide diventano inattive, mentre il nodulo tossico autonomamente funzionante risplende. Il gozzo multinodulare può includere diversi noduli con differente attività come noduli caldi, noduli "tiepidi" (noduli funzionanti che non sopprimono il TSH e mostrano un assorbimento normale) e anche noduli freddi senza assorbimento di isotopi (Fig. 3.6d).

La scintigrafia tiroidea è pericolosa?

Poiché è ampiamente utilizzato l'isotopo ^{99} Tecnezio-m (^{99m} Tc) che si degrada rapidamente, l'esame non comporta alcun pericolo significativo. Tuttavia, ai pazienti che si sottopongono alla scintigrafia tiroidea è raccomandato di non entrare in contatto con donne incinte o bambini piccoli il giorno dell'esame.

Quali misure generali dovrebbero essere prese dai pazienti che soffrono di una tiroide iperfunzionante?

I pazienti che soffrono di una attiva sovrapproduzione di ormoni tiroidei dovrebbero astenersi da un'eccessiva attività fisica e sport. Ci sono alcuni dati che indicano che uno stress prolungato potrebbe predisporre i pazienti a una recidiva della malattia.

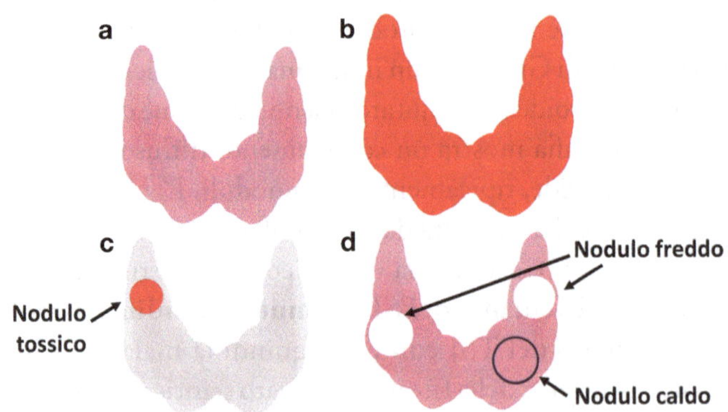

Fig. 3.6 Immagini schematiche della scintigrafia tiroidea. **a** tiroide normale con captazione normale, **b** tiroide ingrandita nella malattia di Graves' con intensa captazione in tutta la ghiandola (iperattività diffusa), **c** un nodulo tossico con intensa captazione che sopprime l'attività del resto della ghiandola a causa del basso TSH, **d** gozzo multinodulare con diversi tipi di noduli – noduli freddi con ridotta captazione di isotopi, nodulo caldo con una captazione simile al tessuto circostante

Come trattamento sintomatico, il medico spesso prescrive farmaci beta-bloccanti per ridurre la frequenza cardiaca. In alcuni casi gravi, possono verificarsi anche anomalie del ritmo cardiaco, come la fibrillazione atriale che richiede ulteriori terapie, tra cui l'inibizione della coagulazione del sangue (anticoagulazione). (La fibrillazione atriale predispone i pazienti alla formazione di coaguli di sangue nel cuore.) Anche i farmaci riduttori dell'ansia (ansiolitici) possono essere somministrati per contrastare l'insonnia e l'inquietudine.

La dieta può influenzare la tiroide iperfunzionante?
I pazienti con sovrapproduzione di ormoni tiroidei dovrebbero evitare di mangiare grandi quantità di cibo ricco di iodio come pesce e frutti di mare, o prodotti alimentari (pane o latte) arricchiti con iodio. Non è consigliato nemmeno il consumo eccessivo di alcuni ortaggi come aglio, spinaci e sedano, alcuni frutti (limone, ribes nero, ananas, prugne) e uova. Si dovrebbe utilizzare sale non iodato. Il consumo di cibo ricco di iodio può anche disturbare il trattamento con radioiodio, e quindi ai pazienti è sconsigliato di mangiare questi prodotti alimentari per tre mesi prima del trattamento. Anche alcuni agenti di contrasto utilizzati principalmente nella tomografia computerizzata (TC) sono piuttosto ricchi di iodio e devono essere evitati al pari di decontaminanti a base di iodio.

Come dovrebbe essere trattata la tiroide iperfunzionante causata dalla malattia di Graves?
La malattia di Graves può essere trattata con farmaci, radioisotopi (iodio radioattivo – radioiodio) e chirurgia. Il trattamento con radioiodio distrugge, mentre la chirurgia rimuove il tessuto tiroideo iperfunzionante, e quindi queste forme di trattamento sono chiamate "**ablative**".

Cosa bisogna considerare quando si usano farmaci per trattare la tiroide iperfunzionante?
I cosiddetti **farmaci antitiroidei** (come metimazolo, carbimazolo, propiltiouracile) inibiscono la produzione di ormoni tiroidei e di solito dopo alcuni anni possono curare la tiroide iperfunzionante. Questo trattamento è efficace, ma la malattia a volte ricompare. L'effetto collaterale più temuto, ma fortunatamente raro di questi farmaci è una diminuzione del conteggio dei globuli bianchi che può essere grave. I pazienti dovrebbero quindi essere istruiti a smettere di prendere questi farmaci immediatamente se hanno mal di gola e/o febbre, poiché i sintomi iniziali di bassi valori ematici possono sembrare come una banale infezione delle vie respiratorie superiori. Se si sviluppa un basso valore di globuli bianchi a causa di uno di questi farmaci, non possono essere somministrati farmaci simili. Pertanto, se il metimazolo porta a tale effetto collaterale, non può essere somministrato nemmeno il propiltiouracile. In tali casi, può essere somministrato il litio che può anch'esso ridurre la sovrapproduzione di ormoni tiroidei. I livelli di litio nel sangue, tuttavia, dovrebbero essere regolarmente monitorati poiché può verificarsi

un sovradosaggio. Potrebbero verificarsi anche reazioni allergiche, come eruzioni cutanee,, ma in tali casi altri farmaci di questa classe possono essere provati.

Come viene eseguito il trattamento con radioisotopi?

Il trattamento con radioisotopi viene eseguito somministrando **radioiodio** ([131]Isotopo di iodio) che viene assorbito dalla tiroide e i follicoli tiroidei vengono distrutti dalla radiazione. La dose è calcolata con precisione sulla base di una cosiddetta prova di captazione dello iodio. Per questa prova viene utilizzata una quantità molto bassa di isotopo radioattivo. La dose determinata dalla prova di captazione dello iodio viene somministrata al paziente. Alimenti ricchi di iodio, mezzi di contrasto contenenti iodio e disinfettanti dovrebbero essere evitati per tre mesi prima di eseguire la curva di captazione dello iodio in quanto riducono l'accumulo di radioiodio nella tiroide e potrebbero influire sul successo del trattamento.

Il trattamento con radioiodio è sicuro sulla base di un gran numero di pazienti trattati negli ultimi decenni.

La carenza di ormone tiroideo (ipotiroidismo) è spesso osservata dopo il trattamento con radioiodio, ma può essere facilmente trattata somministrando levotiroxina (Capitolo 3.3). Il radioiodio può peggiorare i sintomi oculari della malattia di Graves, e quindi non è consigliato da utilizzare in caso di grave coinvolgimento oculare. Inoltre, la gravidanza non dovrebbe essere pianificata per almeno 6 mesi dopo il trattamento sia negli uomini che nelle donne. Per alcuni giorni dopo il trattamento, ai pazienti viene chiesto di evitare contatto con bambini, donne incinte e di non utilizzare mezzi di trasporto pubblici (i pazienti ricevono linee guida precise su queste restrizioni in base alla dose somministrata). È importante notare che il trattamento con radioiodio non agisce immediatamente, e quindi i farmaci dovrebbero essere continuati insieme al trattamento, e sono necessari controlli ormonali regolari per determinare quando può essere interrotto il trattamento farmacologico, o iniziata la levotiroxina.

Come viene eseguita la chirurgia e quali sono le possibili complicazioni?

La terza opzione di trattamento è la chirurgia che include la quasi totale rimozione della tiroide (tiroidectomia quasi totale). Questo certamente risulta in un deficit permanente di ormone tiroideo e la necessità di terapia sostitutiva a vita. Tuttavia, un'ipotiroidismo è molto più facile da trattare rispetto all'ipertiroidismo. L'intervento chirurgico è sicuro se eseguito da un chirurgo esperto. Possono insorgere due importanti complicazioni: i. raucedine, e in casi rari e gravi può svilupparsi paralisi delle corde vocali se viene danneggiato il nervo che corre dietro la tiroide e che innerva le corde vocali,; ii. la rimozione accidentale delle piccole ghiandole paratiroidi situate dietro la tiroide può risultare in bassi livelli di calcio dovuti a ipofunzione delle paratiroidi (ipoparatiroidismo, Capitolo 4.2.2). La raucedine è di solito transitoria e può essere migliorata consultando uno specialista della voce. L'ipoparatiroidismo richiede integrazione di vitamina D e calcio.

La scelta del trattamento dovrebbe essere decisa in base al paziente. Di solito il trattamento con farmaci o radioiodio è il primo, e la chirurgia il secondo.

Come dovrebbe essere trattata la sovrapproduzione di ormone tiroideo causata da nodulo tossico o gozzo multinodulare?

Queste forme di sovrapproduzione di ormone tiroideo non possono essere curate con farmaci, solo i trattamenti con radioiodio e chirurgici sono utili. Il trattamento farmacologico può migliorare o fermare l'iperfunzione tiroidea, ma la malattia invariabilmente ritorna dopo la sospensione del farmaco. I noduli tiroidei iperfunzionanti possono essere trattati efficacemente anche con radioiodio. Una grande tiroide iperfunzionante associata a sintomi di compressione (ad es. difficoltà nella respirazione o deglutizione) viene di solito trattata con la chirurgia. Se c'è un singolo nodulo tossico, può essere sufficiente la rimozione durante l'intervento chirurgico del lobo tiroideo interessato.

I nuovi trattamenti per i noduli tiroidei iperfunzionanti includono metodi diretti (trattamenti radiologici interventistici) come l'iniezione di etanolo (alcol etilico) o l'ablazione con radiofrequenza. Il tessuto iperfunzionante viene distrutto dall'alcol etilico, o dal calore prodotto dalla radiofrequenza. Un'opzione di trattamento ancora più recente è l'uso di fasci laser. Questi trattamenti radiologici interventistici sono in fase di indagine, quindi non sono ancora opzioni terapeutiche di routine e sono per lo più adatti per i noduli tossici più piccoli.

Come vengono gestiti i sintomi oculari della malattia di Graves?

I sintomi oculari possono avere un decorso di malattia indipendente dalla malattia tiroidea sottostante. È possibile che i sintomi oculari peggiorino, mentre le funzioni tiroidee stanno tornando alla normalità, o viceversa. È importante non indurre un ipotiroidismo durante il trattamento dell'iperfunzione, in quanto può ulteriormente peggiorare i sintomi oculari. Nei casi lievi, il selenio può essere utile come dose giornaliera di 100 µg, fino a un massimo di 200 µg. Nei casi più gravi, a causa della eziologia autoimmune della malattia, può essere somministrato un trattamento immunosoppressivo con steroidi (glucocorticoidi (vedi Capitolo 5 sulla ghiandola surrenale) come metilprednisolone). I glucocorticoidi vengono di solito somministrati in infusione, ad es. una volta alla settimana per 12 settimane. Altri trattamenti mirati al sistema immunitario, l'irradiazione del tessuto dietro gli occhi o la chirurgia possono essere necessari.

Qual è la complicazione più grave della sovrapproduzione di ormone tiroideo?

Raramente, la sovrapproduzione di ormone tiroideo può risultare in **tempesta tiroidea** che è una condizione caratterizzata da febbre alta, disturbi mentali (confusione), problemi cardiaci e se non trattata può essere letale. I pazienti richiedono il ricovero in terapia intensiva e spesso hanno bisogno di una rimozione d'emergenza della tiroide per gestirla.

Cos'è l'"ipertiroidismo subclinico"?

Il termine **ipertiroidismo subclinico** si riferisce al fenomeno di basso TSH con fT4 e fT3 periferici normali. Questa è una forma piuttosto frequente di ipertiroidismo lieve ma può predisporre i pazienti a problemi di ritmo cardiaco e osteoporosi. Nella maggior parte dei casi, non è necessario alcun trattamento, e i risultati si normalizzano al controllo 3 mesi dopo. Se persistente, il trattamento può essere necessario principalmente negli individui anziani (>65 anni) a seconda del loro stato di salute generale. Alcuni casi di ipertiroidismo subclinico progrediscono verso un ipertiroidismo manifesto.

Come dovrebbero essere seguiti i pazienti con ipertiroidismo?

La misurazione regolare (di solito ogni 3 mesi) di TSH, fT4 e se necessario fT3 viene eseguita finché la malattia è attiva.

È possibile la gravidanza con sovrapproduzione di ormone tiroideo?

Sì, ma se la sovrapproduzione di ormone è grave si consiglia di aspettare fino a quando la condizione clinica e i valori ormonali migliorano. In caso di grave malattia di Graves, gli anticorpi che attivano il recettore TSH possono attraversare la placenta e possono persino indurre una sovrapproduzione transitoria di ormone tiroideo nel feto.

La sovrapproduzione di ormone tiroideo può svilupparsi anche durante la gravidanza. Le donne colpite di solito hanno la malattia di Graves che durante la gravidanza viene trattata il più spesso con farmaci antitiroidei (propiltiouracile nel primo trimestre, mentre metimazolo nel 2.–3. trimestre [i nove mesi di gravidanza sono divisi in tre trimestri di tre mesi ciascuno]). Certamente, il trattamento con radioiodio non può essere eseguito durante la gravidanza.

Può il TSH essere basso durante una gravidanza normale?

Il TSH è solitamente basso tra la 6ᵃ e la 15ᵃ settimana di gravidanze normali a causa dell'alta produzione di un ormone placentare (HCG, gonadotropina corionica umana, Capitolo 2, Box 2.6) che può legarsi al recettore TSH a causa della loro struttura simile. Questo è un fenomeno normale e non necessita di trattamento.

3.3 Tiroide ipofunzionante (Ipotiroidismo)

La tiroide ipofunzionante (chiamata ipotiroidismo in termini medici) è la seconda malattia endocrina più comune dopo il diabete mellito poiche' colpisce circa il 2% dell'intera popolazione, ma le forme subcliniche lievi sono ancora più frequenti. Si manifesta con segni e sintomi che possono essere considerati opposti a quelli osservati nella sovrapproduzione di ormone tiroideo. I pazienti colpiti sono lenti, dormono molto, aumentano di peso, raramente vanno di corpo (stipsi), la loro pelle è secca e fredda, la frequenza cardiaca è bassa. Il livello di colesterolo nel siero è alto. Il viso può essere gonfio e possono svilupparsi edemi (Fig. 3.7). L'edema è un gonfiore dovuto all'accumulo di liquido nei tessuti. L'edema nella carenza di ormone tiroideo è non improntabile, poiché dopo aver premuto con la punta del dito non rimane una fossetta per alcuni secondi, (mentre lo farebbe nel caso di insufficienza cardiaca). La perdita di capelli può verificarsi sia in corso di tiroide iper che ipofunzionante.

Oggi, la causa più frequente di tiroide ipofunzionante è la sua infiammazione cronica (**Tiroidite di Hashimoto** (tiroidite linfocitica cronica)). La carenza di iodio (se l'assunzione giornaliera di iodio è inferiore a 20 µg) può anche portare a ipotiroidismo, ma oggi è raro a causa della supplementazione di iodio nei prodotti alimentari. La carenza di iodio di solito provoca un ingrossamento della tiroide (gozzo). Alcune sostanze presenti in certe piante inibiscono la formazione di ormoni tiroidei (cosiddette sostanze gozzigene) e un consumo eccessivo di queste soprattutto nell'infanzia (o durante l'allattamento da parte della madre) può portare allo sviluppo del gozzo. Questo è fortunatamente molto raro oggi. Principalmente piante della famiglia del cavolo (come cavolo, cavolo riccio, cavolfiore, broccoli e cavoletti di Bruxelles) includono queste sostanze.

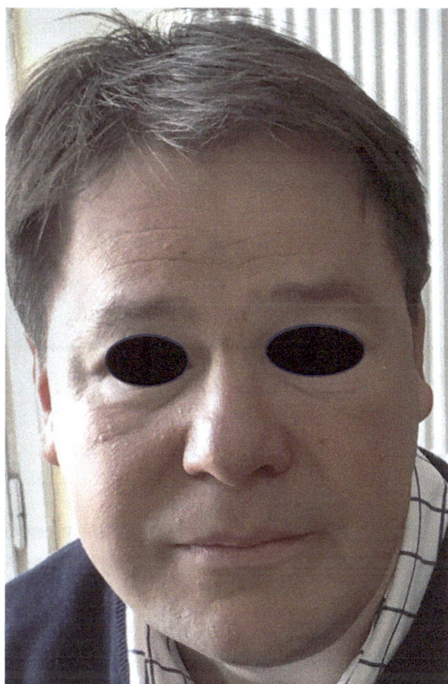

Fig. 3.7 Un tipico volto nell'ipotiroidismo. Notare l'aspetto gonfio, l'edema intorno agli occhi e le sopracciglia scarse

Come viene stabilita la diagnosi di una tiroide ipofunzionante?

È necessaria la misurazione di TSH e fT4. Il TSH è alto, poiché la bassa produzione di ormone tiroideo (basso fT4) stimola l'ipofisi tramite la regolazione del feedback. fT3 o rT3 non sono necessari per la diagnosi.

Se l'ipofunzione della tiroide è dovuta a una malattia della tiroide, viene chiamata primaria. L'ipoattività secondaria della tiroide è molto più rara ed è dovuta a una malattia dell'ipofisi (Capitolo 2.5) come parte dell'insufficienza ipofisaria. Nella forma secondaria, sia TSH che fT4 sono bassi. Le differenze tra l'ipofunzione primaria e secondaria della tiroide sono mostrate in Fig. 3.8. Non ci sono grandi differenze tra i sintomi dell'ipofunzione primaria e secondaria della tiroide.

Come viene diagnosticata la tiroidite di Hashimoto?

Il livello elevato dell'anticorpo contro l'enzima perossidasi tiroidea (**anti-TPO**) misurato nel sangue è il più utile. L'ecografia tiroidea può mostrare tipici cambiamenti nella morfologia. Il prelievo di tessuto (citologia aspirativa con ago sottile) per lo più non è necessario.

L'anti-TPO dovrebbe essere esaminato regolarmente?

No, non fornisce informazioni utili sul decorso della malattia. La tiroidite di Hashimoto è un processo lento che alla fine distrugge la ghiandola tiroidea, ma questo è ben riflesso dal TSH.

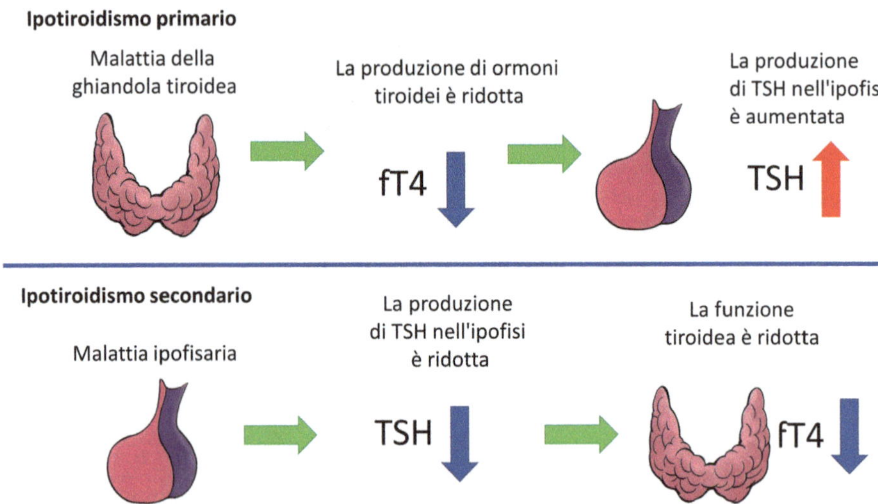

Fig. 3.8 Rappresentazione schematica delle differenze tra ipotiroidismo primario e secondario. L'ipotiroidismo primario si sviluppa a causa della malattia della ghiandola tiroidea, e quindi il livello di TSH è alto a causa della mancanza di feedback negativo che agisce sull'ipofisi. L'ipofisi si sforza di compensare il funzionamento insufficiente della tiroide. D'altra parte, l'ipotiroidismo secondario è dovuto a una malattia ipofisaria che risulta in bassi livelli sia di TSH che di fT4

Dovremmo essere ansiosi se l'anti-TPO è alto?

La tiroidite di Hashimoto è una malattia benigna. In alcuni casi, i livelli di anti-TPO sono elevati per anni mentre i livelli di ormone tiroideo sono normali. In seguito, può svilupparsi una ipofunzione della tiroide e l'ormone tiroideo dovrebbe quindi essere sostituito, ma anche questo è facilmente gestibile. L'anti-TPO elevato è molto comune, poiché può essere riscontrato anche nel 5% della popolazione.

Può essere rallentata o fermata la progressione della tiroidite di Hashimoto?

No, e non c'è bisogno di farlo, poiché è un processo indolore e la conseguente carenza di ormone tiroideo può essere facilmente gestita con la supplementazione. È importante sottolineare che il trattamento con steroidi efficace in diverse malattie autoimmuni non dovrebbe essere utilizzato nella tiroidite di Hashimoto poiché le sue complicazioni superano di gran lunga i suoi potenziali benefici. Nelle fasi molto precoci della tiroidite di Hashimoto, quando solo l'anti-TPO è elevato e prima di qualsiasi disfunzione dell'ormone tiroideo, il selenio potrebbe aiutare a ridurre il valore dell'anti-TPO.

A cosa serve il selenio?

Il selenio utilizzato in una dose giornaliera di 100–200 µg (microgrammi) può ridurre i livelli di anti-TPO, e quindi può essere utile nella fase iniziale della tiroidite di Hashimoto senza ancora una ipofunzione della tiroide. Come già menzionato nella discussione sui sintomi oculari della malattia di Graves, il selenio è benefico anche lì. Dovrebbe essere sottolineato che le dosi giornaliere superiori a 200 µg non sono proposte poiché è stata osservata un'incidenza aumentata di diabete mellito di tipo 2 con dosi superiori a questa soglia, e può addirittura essere tossico in dosi elevate.

Può aiutare la dieta?

In caso di carenza di iodio, lo iodio è certamente utile. Viceversa, la tiroidite di Hashimoto non sarà migliorata dallo iodio, al contrario, la può peggiorare. Alcuni pazienti seguono anche una dieta senza glutine o lattosio, ma non esiste assolutamente alcuna prova che ciò aiuti, e quindi non è da raccomandare (Box 3.2).

Box 3.2

Cos'è una dieta senza glutine? Questa dieta dovrebbe essere seguita da pazienti affetti da celiachia. **La celiachia** è una malattia autoimmune che colpisce principalmente l'intestino tenue ed è causata da ipersensibilità al glutine che è una proteina contenuta nei semi di alcuni cereali come grano e orzo. Una dieta senza glutine non è raccomandata nell'ipotiroidismo in quanto non è benefica, ma nemmeno è dannosa. Il glutine può essere trovato in numerosi prodotti alimentari, e la sua esclusione rende la vita di individui che seguono questa dieta piuttosto difficile, per non parlare del suo impatto finanziario.

Cos'è il cretinismo?

Una grave carenza di iodio durante la gravidanza provoca il cretinismo che si caratterizza per grave ritardo mentale, difetti neurologici e bassa statura. Questa è una forma grave di carenza congenita (presente alla nascita) di ormone tiroideo.

Come si tratta l'ipotiroidismo?

Il trattamento è piuttosto semplice. L-Tiroxina (T4, levotiroxina) viene somministrata in una dose giornaliera solitamente tra 100 e 150 µg ma può anche essere inferiore o superiore a seconda dei livelli di TSH. È insolito aver bisogno di più di 200 µg al giorno (Box 3.3). La dose viene solitamente assunta al mattino 30 minuti prima della colazione. La dose può essere regolata in base a regolare misurazione (ogni 3 mesi) del TSH sierico.

> **Box 3.3**
>
> Consigli sull'assunzione di farmaci:
> La levotiroxina dovrebbe essere presa a stomaco vuoto, da sola rispetto ad altri farmaci, poiché in questo modo è meglio assorbita.

Il T3 ha dei benefici?

Nel trattamento dell'ipotiroidismo si suggerisce occasionalmente di utilizzare non solo T4, ma anche il T3 biologicamente attivo. L'emivita del T3 è più breve e quindi dovrebbe essere assunto tre volte al giorno. Non esiste una prova univoca che il T3 sia migliore del T4 sotto qualsiasi aspetto, e quindi non viene generalmente utilizzato. Inoltre, il T3 è formato dal T4 nei tessuti e quindi la presenza di T3 può essere assicurata dal T4 che è molto più facile da somministrare.

Qual è l'esito (prognosi) dell'ipotiroidismo?

Se il TSH è normalizzato da una terapia adeguata con T4, il risultato è perfetto con un'aspettativa di vita assolutamente normale.

Ci sono aspetti particolari nelle persone anziane?

La dose di levotiroxina dovrebbe essere aumentata molto lentamente, poiché un rapido aumento potrebbe portare a problemi cardiaci. Allo stesso modo, non è necessario normalizzare un TSH leggermente elevato.

Cos'è l'ipotiroidismo subclinico?

TSH elevato con fT4 normale è definito ipotiroidismo subclinico, un fenomeno piuttosto comune. Di solito non deve essere trattato se il TSH rimane sotto 10 mIU/L (milli Unità Internazionali/Litro). (Il TSH normale è tra 0.4–4.0 mIU/L nella maggior parte dei laboratori.) TSH oltre 10 mIU/L può predisporre i pazienti all'arteriosclerosi, al colesterolo alto nel sangue e quindi alle malattie cardiovascolari. L'ipotiroidismo subclinico con livello di TSH oltre 10 mIU/L dovrebbe essere trattato. D'altra parte, nelle donne che si preparano per la gravidanza, il TSH dovrebbe essere normalizzato intorno a 2–3 mIU/L, altrimenti si possono causare problemi di concepimento. In una frazione di casi di ipotiroidismo subclinico si può sviluppare ipotiroidismo.

Come dovrebbe essere gestito l'ipotiroidismo durante la gravidanza?
Gli ormoni tiroidei sono molto importanti per lo sviluppo appropriato del sistema nervoso centrale. Dopo la 24ª settimana di gravidanza, tuttavia, la ghiandola tiroidea del feto diventa attiva da sola, e quindi il feto non è più dipendente dalla produzione di ormone tiroideo della madre. Il livello di TSH dovrebbe essere monitorato ogni 4–6 settimane durante la gravidanza, ed è probabile che la dose debba essere aumentata.

3.4 Infiammazioni della ghiandola tiroidea (forme di tiroidite)

Ci sono diverse forme di infiammazione della tiroide. La più comune è la tiroidite cronica di Hashimoto che è indolore, simile alla tiroidite post-partum, anch'essa frequente. Le tiroiditi dolorose includono la fortunatamente molto rara tiroidite infettiva con formazione di pus e la tiroidite subacuta.

La tiroidite dopo la gravidanza può portare a un ipotiroidismo, ma a differenza della tiroidite di Hashimoto questo è spesso un fenomeno transitorio. In entrambe le malattie, tuttavia, può verificarsi un ipertiroidismo transitorio a causa della distruzione dei follicoli da parte dell'infiammazione che provoca un deflusso incontrollato di ormoni tiroidei nel sangue.

Un farmaco utilizzato nei disturbi del ritmo cardiaco, l'amiodarone che contiene grandi quantità di iodio può anche indurre infiammazione della tiroide.

Quanto sono frequenti i disturbi della tiroide durante e dopo la gravidanza?
I disturbi della tiroide che si verificano entro un anno dopo la gravidanza (tiroidite post-partum) nelle donne senza alcuna malattia tiroidea prima della gravidanza sono piuttosto comuni (5–9% di tutte le gravidanze). Gli anticorpi anti-TPO possono essere positivi come nella tiroidite di Hashimoto, e infatti questa forma di tiroidite può essere classificata come una forma di Hashimoto. Il rischio per questo disturbo è particolarmente alto nei pazienti con diabete mellito di tipo 1 (la forma di diabete mellito con carenza di insulina che può essere trattata solo con somministrazione di insulina). La tiroidite post-partum inizia spesso con una fase di ipertiroidismo dovuta alla distruzione della ghiandola tiroidea, seguita da ipotiroidismo e infine recupero. La tiroidite post-partum ricorre spesso dopo gravidanze ripetute, e il rischio di ipotiroidismo permanente aumenta con queste. Se i livelli di anti-TPO sono alti, il selenio può essere benefico.

Quali sono le caratteristiche della tiroidite subacuta?
L'infiammazione subacuta della ghiandola tiroidea si verifica di solito dopo infezioni delle vie respiratorie superiori. Viene chiamata subacuta perché ha una durata della malattia di alcune settimane o mesi. Alcune settimane dopo l' infezione, si sviluppano intensi dolori al collo e febbre, e possono apparire segni di un ipertiroidismo a causa della distruzione del tessuto tiroideo. Successivamente, si osserva di solito una carenza di ormoni tiroidei. Il recupero completo si verifica entro pochi mesi.

Dovrebbero essere assunti farmaci antitiroidei durante la fase di iperproduzione di ormoni tiroidei nella tiroidite subacuta?
No, poiché la sintesi degli ormoni tiroidei non è aumentata, ma la distruzione del tessuto tiroideo e il deflusso incontrollato di ormoni porta ai sintomi. Dovrebbero essere somministrati solo beta-bloccanti per ridurre la frequenza cardiaca e farmaci ansiolitici.

Come si tratta la tiroidite subacuta?
Durante il periodo doloroso, dovrebbero essere somministrati agenti anti-infiammatori come farmaci antinfiammatori non steroidei (ad es. salicilati, ibuprofene ecc.) o in casi più gravi steroidi (glucocorticoidi). Il dolore di solito si risolve rapidamente dopo la somministrazione di steroidi. Se si sviluppa ipotiroidismo, dovrebbe essere somministrata la levotiroxina che può essere generalmente sospesa dopo alcuni mesi.

3.5 Noduli tiroidei e tumori

I noduli sono molto comuni nella tiroide. Un nodulo nella ghiandola tiroidea, è un'area circoscritta che è per lo più benigna, ma in rari casi può essere un tumore maligno. La maggior parte dei noduli viene rivelata dall'ecografia tiroidea. Un nodulo può essere palpato se il suo diametro supera 1,5–2 cm. I noduli possono essere palpati in circa il 5% delle persone. D'altra parte, l'ecografia può rilevare per lo più piccoli noduli senza rilevanza clinica in circa due terzi dei pazienti. In aree carenti di iodio (come l'Europa centrale o orientale), la maggior parte dei noduli (98–99%) sono benigni, ma in territori dove lo iodio è ben supplementato (ad es. USA), anche il 4–5% dei noduli può essere maligno. La relazione tra noduli tiroidei e produzione di ormoni è presentata nella sezione sulla tiroide iperfunzionante (Capitolo 3.2).

Come possiamo giudicare se un nodulo è benigno o maligno?
Un nodulo in crescita dovrebbe destare sospetto. Utilizzando l'ecografia tiroidea, si possono selezionare noduli sospetti di malignità. Anche i linfonodi del collo che possono ospitare metastasi di tumori tiroidei maligni dovrebbero essere esaminati con l'ecografia. bSuccessivamente dovrebbe essere eseguita una cito-

logia con ago sottile (FNAC) sui noduli sospetti e/o sui linfonodi. Il campione prelevato è sottoposto ad analisi citologica (Box 3.4). Il risultato della citologia può escludere o provare la malignità, o può essere indeterminato richiedendo un nuovo campionamento, follow-up o addirittura un intervento chirurgico.

> **Box 3.4**
>
> Per l' **esame citologico** , viene realizzato un sottile striscio dal campione prelevato con biopsia ad ago sottile che poi viene colorato. Il vetrino colorato viene esaminato sotto un microscopio, e nella maggior parte dei casi la natura benigna o maligna del nodulo può essere determinata in base alle caratteristiche delle cellule. È possibile tuttavia che la citologia non possa fornire un'opinione univoca sulla malignità del nodulo , e in tali casi la FNAC dovrebbe essere ripetuta, o potrebbe seguire un intervento chirurgico.

Cos'è una cisti tiroidea?

Una cisti nella tiroide è una cavità riempita di liquido. Se non ci sono segni di proliferazione tissutale, le cisti sono quasi sempre benigne. Tuttavia, cisti grandi possono causare sintomi comprimendo le strutture vicine. È necessario aspirare il fluido, che dovrebbe essere inviato per analisi citologica.

Possiamo esaminare i noduli maligni con l'esame tiroideo basato su isotopi (scintigrafia)?

La scintigrafia tiroidea è per lo più necessaria in pazienti con basso TSH per differenziare le cause di sovrapproduzione di ormoni tiroidei. I noduli che sovraproducono ormoni tiroidei sono molto raramente maligni, mentre una piccola frazione di noduli "freddi" (Fig. 3.6d) può essere maligna. L'ecografia tiroidea e la FNAC possono fornire una diagnosi molto più precisa, quindi la scintigrafia tiroidea non è di solito necessaria per la diagnosi di malignità del nodulo.

La citologia ad ago sottile è sicura?

Sì, è una tecnica molto sicura eseguita con un ago sottile e per lo più sotto guida ecografica. Il dolore è molto moderato, come durante la puntura di una vena per il prelievo di sangue. Le complicanze (ad es. sanguinamento o infezione) sono molto rare.

Cosa fare con un grosso gozzo quando non c'è sospetto di malignità?

Il trattamento è necessario se il paziente si lamenta di sintomi associati al gozzo come problemi di respirazione, deglutizione o disagio al collo. La rimozione chirurgica della tiroide ingrossata è il trattamento di scelta, ma in pazienti non idonei per l'intervento chirurgico, potrebbe essere tentato anche il trattamento con radioiodio. Il paziente avrà certamente bisogno di una sostituzione di levotiroxina per tutta la vita dopo la rimozione dell'intera tiroide, ma questo è facile da gestire, essendo necessaria una dose fissa di farmaco.

Ci sono altre soluzioni oltre alla chirurgia per i noduli benigni senza produzione di ormoni?

Come accennato prima, sebbene ancora non diffusi, in alcuni casi **l'iniezione di etanolo (alcol etilico), l'ablazione con radiofrequenza o laser** possono essere considerati per il trattamento dei noduli. L'etanolo è particolarmente utile per la gestione delle cisti contenenti liquido. Questi metodi possono essere alternative promettenti nel trattamento di noduli non maligni, non troppo grandi e non produttori di ormoni. Per escludere la malignità, la FNAC viene di solito eseguita due volte. L'ablazione con radiofrequenza è anche sotto indagine per la cura dei noduli produttori di ormoni che causano ipertiroidismo, ma questa non è ancora una procedura di routine.

Quali tipi di tumori maligni possono verificarsi nella ghiandola tiroidea?

Le principali forme di cancro alla tiroide sono presentate in Box 3.5.

Box 3.5

Principali tipi di cancro alla tiroide
- Cancro differenziato della tiroide
  - Cancro papillare della tiroide
  - Cancro follicolare della tiroide
- Cancro midollare della tiroide
- Cancro anaplastico della tiroide

La maggior parte dei tumori sono differenziati, assomigliano al tessuto normale al microscopio, e **il cancro papillare della tiroide** è di gran lunga il tipo più frequente. Il cancro papillare della tiroide ha una prognosi piuttosto buona soprattutto quando diagnosticato in una fase precoce (quando il tumore è confinato alla tiroide) e i pazienti affetti raramente muoiono di questo tumore. In stadi avanzati, possono svilupparsi metastasi, prima nei linfonodi del collo. L'altro tipo principale di tumore tiroideo differenziato, **il cancro follicolare della tiroide** è meno frequente, ed è più propenso a dare metastasi attraverso il flusso sanguigno. La prognosi per il cancro midollare della tiroide è peggiore di quella dei tumori tiroidei differenziati. **Il cancro midollare della tiroide** deriva dalle cellule C della tiroide produttrici di calcitonina. Il tumore continua a produrre calcitonina che può essere utilizzata per la diagnosi e il follow-up della malattia. **Il cancro anaplastico della tiroide** è molto raro fortunatamente, poiché ha una prognosi piuttosto infausta.

Quali sono le opzioni di trattamento per i tumori tiroidei differenziati?

Ci sono due opzioni principali: la rimozione chirurgica e il trattamento con radioiodio. In tumori piccoli e localizzati, la rimozione del solo lobo affetto della tiroide potrebbe essere sufficiente. In tumori più avanzati, tuttavia, potrebbe essere necessaria la rimozione dell'intera tiroide insieme ai linfonodi. A seconda del tipo e delle dimensioni del tumore, della presenza di metastasi e delle condizioni generali del paziente, può essere eseguito anche un trattamento con radioiodio. Oggi, i trattamenti di ablazione con radiofrequenza e laser sono anche in fase di studio come opzioni di trattamento per i casi di cancro differenziato di piccole dimensioni, ma questi non possono essere considerati come procedure di routine.

Come funziona il trattamento con radioiodio e come viene preparato il paziente?

Le cellule del cancro tiroideo differenziato possono assorbire e accumulare iodio, e l'isotopo di iodio radioattivo (^{131}Iodio) distrugge il tumore e le sue metastasi. Per rendere l'assorbimento di iodio il più efficiente possibile, il livello di TSH nel sangue dovrebbe essere alto. Questo può essere ottenuto interrompendo la sostituzione con levotiroxina per 3–4 settimane, creando così una situazione simile a quella di un ipotiroidismo o somministrando TSH esterno (ricombinante) ai pazienti. (Il termine ricombinante significa qui che è prodotto artificialmente con tecniche di biologia molecolare e corrisponde pienamente all'ormone naturale.) Poiché il TSH è una proteina, può essere somministrata solo per iniezione (altrimenti la proteina sarebbe degradata nel sistema intestinale). Il trattamento con radioiodio può essere effettuato solo dopo la rimozione dell'intera tiroide, altrimenti l'isotopo sarebbe accumulato anche nel tessuto tiroideo sano.

La dieta può aiutare nel trattamento dei tumori della tiroide?
In generale, non esiste una dieta specifica che possa essere utile.

Come vengono seguiti i pazienti con carcinoma tiroideo differenziato?
Il marcatore tumorale tireoglobulina viene utilizzato per il follow-up dei pazienti. È particolarmente sensibile se il TSH è alto (ad es. dopo la somministrazione di TSH ricombinante). Se la tireoglobulina rimane bassa, il paziente può essere considerato libero da tumore.

La tireoglobulina dovrebbe essere utilizzata per la diagnosi di altre malattie della tiroide?
No. La tireoglobulina è prodotta solo nella tiroide, ma è aumentata in molte malattie della tiroide come le infiammazioni. Un alto livello di tireoglobulina da solo non significa cancro alla tiroide.

Quanta levotiroxina viene somministrata ai pazienti con carcinoma tiroideo differenziato dopo la rimozione dell'intera tiroide?
I pazienti operati per carcinoma tiroideo differenziato con la rimozione dell'intera tiroide di solito ricevono più levotiroxina di quanto necessario per normalizzare i livelli di TSH. Infatti, si produce un ipertiroidismo subclinico con basso TSH e normale fT4. Poiché il TSH promuove la proliferazione delle cellule ti-

roidee, la sua soppressione attraverso la somministrazione di quantità maggiori di levotiroxina è una misura antitumorale. Questo può certamente portare in alcuni pazienti a disturbi (come aumento della frequenza cardiaca, sudorazione), che richiedono una riduzione del dosaggio. L'aumento del dosaggio di levotiroxina dovrebbe essere somministrato per un massimo di cinque anni dopo l'intervento chirurgico, poiché non c'è prova che possa fornire un effetto protettivo contro la recidiva del tumore in tempi successivi.

Ci sono altre opzioni di trattamento?

Nel carcinoma differenziato avanzato e nel carcinoma midollare della tiroide, sono disponibili diversi nuovi farmaci che mirano a specifiche vie di formazione del tumore. Il carcinoma midollare della tiroide e il carcinoma anaplastico non possono essere trattati con radioiodio.

4

Paratiroidi, vitamina D, metabolismo del calcio e ossa

4.1 Regolazione ormonale del metabolismo del calcio

In questo capitolo, si discutono gli ormoni che regolano il metabolismo del calcio e le loro malattie. In primo luogo il funzionamento delle ghiandole paratiroidi e le loro malattie.

In generale, negli esseri umani ci sono quattro ghiandole paratiroidi, tipicamente dietro la tiroide (Fig. 4.1). Queste sono piccole ghiandole di pochi millimetri di diametro che pesano 30–35 mg. Il funzionamento del paratiroidi è indipendente dalla ghiandola tiroidea e non è soggetto a regolazione ipotalamo-ipofisaria, poiché il suo principale regolatore è il livello di calcio nel sangue.

L'omeostasi del calcio è principalmente regolata dall'ormone paratiroideo che è il prodotto della ghiandola paratiroidea. L'ormone paratiroideo è un peptide. La produzione dell'ormone paratiroideo è principalmente regolata dai livelli di calcio nel sangue che vengono percepiti da un recettore proteico nella membrana

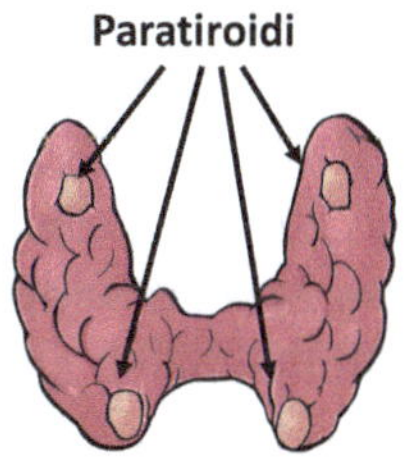

Fig. 4.1 La posizione delle ghiandole paratiroidi dietro la ghiandola tiroidea. (Vista posteriore.)

delle cellule della paratiroide, chiamato sensore del calcio. Se la concentrazione di calcio nel sangue si riduce, il rilascio dell'ormone paratiroideo aumenta. L'ormone paratiroideo agisce per aumentare i livelli di calcio nel sangue stimolando l'assorbimento di calcio dall'intestino, il riassorbimento di calcio nel rene dall'urina, e anche il rilascio di calcio dal tessuto osseo.

L'ormone paratiroideo è importante nella regolazione del metabolismo della vitamina D poiché stimola l'attivazione della vitamina D nel rene. Solo la vitamina D attiva può esercitare effetti. È degno di nota discutere brevemente qui la vitamina D. Sebbene chiamata una vitamina (Box 4.1), oggi è molto più considerata un ormone.

Box 4.1

Vitamina: è una sostanza organica che è necessaria in piccole quantità per il normale funzionamento del corpo ma non può essere prodotta dal corpo stesso (con alcune eccezioni) e deve essere ottenuta dal cibo. Le vitamine sono indicate con lettere maiuscole. Ci sono vitamine solubili in acqua come molte forme di vitamina B e vitamina C, e anche le vitamine liposolubili A, D, E e K. La vitamina D non corrisponde completamente a questa definizione in quanto può essere prodotta nella pelle umana esposta alla luce del sole, ma la sua carenza può essere trattata con integratori alimentari.

La vitamina D ha sia una forma animale che una forma vegetale che hanno piccole differenze nelle loro strutture ma non differiscono significativamente nelle loro azioni. La forma animale che è anche prodotta nella pelle umana si chiama vitamina D3, mentre la forma trovata nelle piante e nei funghi si chiama vitamina D2. La vitamina D3 è più efficiente negli esseri umani. Sfortunatamente, ci sono pochi prodotti animali contenenti vitamina D in quantità significative, come il pesce grasso (ad esempio l'olio di fegato di merluzzo è stato usato per trattare la carenza di vitamina D), il fegato e il tuorlo d'uovo.

La struttura molecolare della vitamina D è simile a quella degli ormoni steroidei. La vitamina D si comporta come un ormone poiché ha un tipo di recettore simile.

La vitamina D si forma nella pelle per esposizione alla radiazione ultravioletta B (UV-B) tramite la luce solare. Questa e la forma ingerita attraverso il cibo non sono attive di per sé, poiché non possono legare il recettore della vitamina D. Per l'attivazione sono necessarie due reazioni enzimatiche, una avviene nel fegato, l'altra nel rene (Fig. 4.2). La 25-idrossivitamina D3 è sintetizzata dal fegato, mentre la forma completamente attiva 1,25-diidrossivitamina D3 si forma nel rene. Questa forma attiva è anche chiamata calcitriolo. L'ormone paratiroideo è necessario per quest'ultimo passaggio nel rene. "Ormone attivo" è la forma dell'ormone che è in grado di esercitare la funzione biologica tramite il legame con il suo recettore. La dose giornaliera necessaria di vitamina D è definita da varie raccomandazioni (Box 4.2). Se non c'è abbastanza luce solare, e quindi produzione endogena (interna), dovrebbe essere fornito da fonti esterne.

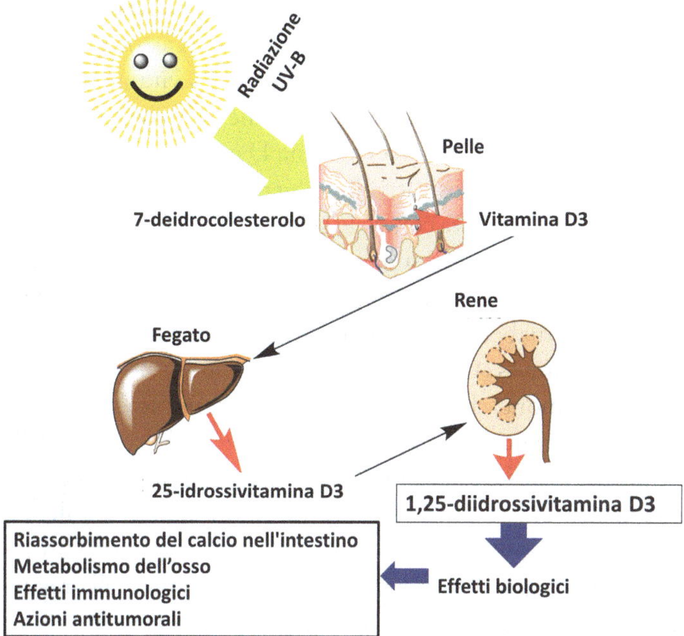

Fig. 4.2   Rappresentazione schematica della formazione della vitamina D. La vitamina D3 si forma nella pelle dal 7-deidrocolesterolo con l'aiuto della radiazione ultravioletta proveniente dal sole. La vitamina D3 non è attiva di per sé, in quanto non è in grado di legare il suo recettore. Per diventare attiva deve essere modificata chimicamente. Il primo passaggio avviene nel fegato (25-idrossivitamina D3) e il secondo nei reni, dove si forma la 1,25-diidrossivitamina D3 attiva in grado di legare il suo recettore. La vitamina D3 attiva è altrimenti chiamata calcitriolo

Secondo i risultati più recenti, è anche possibile somministrare vitamina D una volta alla settimana o addirittura al mese con la stessa efficacia della somministrazione giornaliera.

Box 4.2

Qual è la dose giornaliera raccomandata di vitamina D? Esistono differenze tra le raccomandazioni delle società scientifiche nei diversi paesi. La dose di vitamina D è espressa in unità internazionali (UI), 40 UI corrispondono a 1 µg (microgrammo). Negli Stati Uniti, si raccomandano 400 UI(10 µg) di vitamina D sotto l'età di 12 mesi, 600 UI tra 1–70 anni e 800 UI oltre i 70 anni di età. In alcuni paesi, sono proposte dosi più elevate. Ci sono anche differenze tra i paesi se la vitamina D è inclusa nei prodotti alimentari in quantità sufficienti. Altre raccomandazioni fanno distinzioni tra i vari gradi di esposizione alla luce del sole nei periodi primavera-estate e autunno-inverno caratteristici per il clima temperato. Più è alta l'esposizione alla luce del sole, meno vitamina D è necessaria. Almeno mezz'ora di esposizione del viso, delle spalle e delle braccia alla luce del sole può essere sufficiente nel clima temperato in estate per garantire una sufficiente produzione di vitamina D3 da parte del corpo stesso.

L'azione più importante della vitamina D è rappresentata dalla stimolazione del riassorbimento del calcio nell'intestino. Facilita anche l'assorbimento del fosfato e inibisce la produzione dell'ormone paratiroideo. La vitamina D ha un effetto complesso sull'osso in quanto aiuta la costruzione dell'osso ma è anche importantante nel riassorbimento dell'osso. La vitamina D è indispensabile per preservare la salute delle ossa. Ha numerosi altri effetti aggiuntivi, come la regolazione della funzione immunitaria e attività contro le infezioni. La vitamina D ha importanti azioni antitumorali. Ci sono dati sulla rilevanza della carenza di vitamina D nello sviluppo di malattie endocrine di origine autoimmune come il diabete di tipo 1 (carente di insulina) diabete mellito e malattie della tiroide (tiroidite di Hashimoto e malattia di Graves (Capitolo 3)).

Anche un altro ormone, chiamato **calcitonina** è implicato nella regolazione del metabolismo del calcio negli animali vertebrati. Questo è prodotto dalle cellule C della ghiandola tiroidea. La calcitonina è quindi un ormone della ghiandola tiroidea e non del paratiroidi. La calcitonina diminuisce i livelli di calcio nel sangue e aumenta la sua inclusione nell'osso. Sebbene la calcitonina sia prodotta anche negli esseri umani, in questi non ha un ruolo importante nella regolazione del metabolismo del calcio. Questo è anche esemplificato dall'osservazione che dopo la rimozione totale della ghiandola tiroidea nel trattamento di un voluminoso gozzo tiroideo, cancro tiroideo o ipertiroidismo, non si osservano cambiamenti nei livelli di calcio e quindi non c'è bisogno di sostituire la calcitonina. L'altro dato contro la sua importanza nella regolazione dell'omeostasi del calcio negli esseri umani proviene dal carcinoma midollare tiroideo che è un cancro delle cellule C produttrici di calcitonina (Capitolo 3.5) spesso associato a livelli molto alti di calcitonina nel sangue. Nonostante ciò, non si osserva alcuna diminuzione nei livelli sierici di calcio in questi pazienti. Tuttavia, la calcitonina può essere utilizzata come farmaco; oggi è usata raramente per trattare un aumento acuto del calcio. La calcitonina ha un ruolo importante nei pesci di mare (Box 4.3).

Box 4.3

Alcuni fatti interessanti sulla calcitonina:
La calcitonina è importante nel mantenimento dei livelli ematici di calcio nei pesci di mare, poiché la concentrazione di calcio nel loro ambiente esterno è alta. Con il passaggio degli esseri viventi sulla terraferma, l'importanza della calcitonina è diminuita, poiché l'ambiente era allora povero di calcio. La calcitonina può quindi essere considerata un "ormone residuo" dell'evoluzione. È anche interessante notare che non è la calcitonina umana, ma quella del salmone che viene utilizzata nell'uomo in medicina, ancora più efficiente sul recettore della calcitonina umana rispetto al suo omologo umano. Sebbene la calcitonina sia stata provata nel trattamento dell'osteoporosi, non è stata particolarmente efficace. Oggi, è molto raramente utilizzata in medicina nell'uomo, poiché il suo effetto è solo transitorio. Può essere utilizzata per diminuire acutamente i livelli elevati di calcio.

4.2   Malattie delle ghiandole paratiroidi

4.2.1   Ghiandole paratiroidi iperfunzionanti (iperparatiroidismo)

Ci sono tre forme di iperfunzione paratiroidea, medicalmente chiamata iperparatiroidismo. La **forma primaria di ghiandole paratiroidi iperfunzionanti (iperparatiroidismo primario)** è dovuta a un tumore benigno (adenoma) o iperplasia (un aumento del numero di cellule che non soddisfano ancora i criteri del tumore) che producono grandi quantità di ormone paratiroideo, aumentando i livelli di calcio nel sangue e causando diversi sintomi. La **forma secondaria (iperparatiroidismo secondario)**, invece, è una condizione reattiva, in cui le ghiandole paratiroidi rispondono a livelli permanentemente bassi di calcio nel siero, cercando di compensare aumentando la produzione di ormone paratiroideo. La forma secondaria di solito risulta in iperplasia di tutte e quattro le ghiandole paratiroidi. Livelli permanentemente bassi di calcio sono caratteristici nell'insufficienza renale, i disturbi dell'assorbimento gastrointestinale e la carenza di vitamina D che rappresentano le principali cause di iperparatiroidismo secondario. Se i bassi livelli di calcio e quindi l'iperparatiroidismo secondario sono presenti per un lungo periodo, come si vede principalmente nell'insufficienza renale, possono formarsi adenomi in una o più ghiandole paratiroidi con produzione di grandi quantità di ormone paratiroideo. Questa condizione è chiamata **iperparatiroidismo terziario**.

Come possiamo differenziare l' iperparatiroidismo primario dal secondario?
I livelli di ormone paratiroideo sono elevati in entrambi, ma mentre nella forma primaria il calcio nel sangue è alto, nella secondaria è basso.

Quanto è frequente l'iperparatiroidismo primario?
È una malattia molto comune. Classificando le malattie ormonali in ordine di frequenza di occorrenza, al primo posto c'è il diabete mellito, al secondo c'è l' ipotiroidismo e al terzo c'è l'iperparatiroidismo primario. Questa classificazione è emersa negli ultimi decenni, poiché la misurazione del calcio nel sangue è diventata parte delle analisi del sangue di routine, e casi senza sintomi (asintomatici) sono stati riconosciuti molto frequentemente.

Quali sono i sintomi dell'iperparatiroidismo primario?
Le ossa perdono calcio a causa della sovrapproduzione di ormone paratiroideo, causando osteoporosi. Il rilascio di calcio è aumentato nelle urine nonostante l'effetto stimolante dell'ormone paratiroideo sul riassorbimento del calcio nei reni. La spiegazione risiede nella capacità limitata di riassorbimento del calcio da parte dei reni, e quindi in casi di notevole rilascio di calcio, la soglia di riassorbimento viene superata e quindi il calcio appare nelle urine. A causa dell'aumento del rilascio di

calcio nelle urine, possono svilupparsi calcoli renali o, in condizioni ancora più gravi, calcificazioni renali. L'iperparatiroidismo primario rende gli individui affetti predisposti a sviluppare ulcere gastriche e duodenali. Inoltre, possono verificarsi sintomi digestivi come stitichezza e dolore addominale. L'aumento del calcio nel sangue può anche influenzare le funzioni del sistema nervoso, talora causando sintomi neurologici e in casi gravi anche psichiatrici. Potrebbero verificarsi anche complicazioni cardiovascolari come disturbi del ritmo cardiaco e ipertensione.

Quali sintomi sollevano il sospetto di iperparatiroidismo primario?

I calcoli renali ricorrenti sono il segno più tipico per sollevare il sospetto di una ghiandola paratiroidea iperfunzionante. Sfortunatamente, non è ancora raro che un paziente venga trattato per episodi ricorrenti di calcoli renali senza un'indagine endocrina. Attraverso un trattamento di successo dell'iperparatiroidismo, si possono prevenire ulteriori calcoli renali. L'indagine sulle paratiroidi è giustificata anche negli esami di base per l'osteoporosi.

Recentemente, tuttavia, l'iperparatiroidismo primario viene il più spesso scoperto accidentalmente, poiché nella maggior parte dei casi è asintomatico e diviene manifesto solo nei risultati di laboratorio.

Come viene stabilita la diagnosi di iperparatiroidismo primario?

La diagnosi di solito non è difficile. Il livello di calcio nel sangue è alto, e il fosfato è basso, insieme a un livello elevato di ormone paratiroideo. Nell'iperparatiroidismo secondario, invece, il livello di calcio nel sangue è basso.

Come può essere identificata la specifica ghiandola paratiroidea responsabile della malattia?

Nella maggior parte dei casi, solo una ghiandola ospita un adenoma benigno responsabile della malattia, ma ci sono casi in cui tutte le ghiandole paratiroidi sono colpite da iperplasia. Quest'ultimo caso è raro, e si vede principalmente in casi ereditari. La stragrande maggioranza dei casi di iperparatiroidismo primario è causata da tumori benigni.

Per scoprire la ghiandola paratiroidea iperfunzionante, due tecniche di imaging vengono utilizzate in prima linea: l'ecografia del collo e lo studio isotopico delle ghiandole paratiroidi (scintigrafia con sestamibi) (Fig. 4.3).

Con questi metodi, di solito è possibile localizzare l'adenoma paratiroideo. È possibile, tuttavia, che l'adenoma si trovi in una posizione insolita, non dietro la tiroide, ma ad esempio nella parte superiore del torace vicino al timo o ai vasi principali. È difficile trovare queste paratiroidi localizzate in modo atipico e si possono tentare ulteriori tecniche di imaging, come la TAC, la risonanza magnetica e ulteriori nuove tecniche isotopiche. Può anche accadere che l'adenoma non possa essere trovato affatto. In tali casi, se il paziente non ha avuto una precedente operazione al collo che complica la situazione anatomica, il paziente

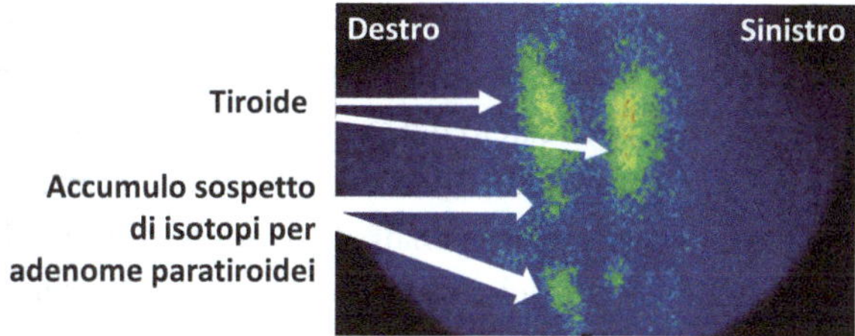

Fig. 4.3 Immagine di una scintigrafia paratiroidea (scintigrafia con sestamibi). L'immagine è presa da dietro. Ci sono due siti di accumulo di isotopi sotto il lobo destro della ghiandola tiroidea che sono sospetti per un adenoma paratiroideo. L'accumulo inferiore è già nella parte superiore del torace

può essere indirizzato a un chirurgo esperto che può trovare l'adenoma. Ci sono diversi metodi che aiutano l'identificazione dell'adenoma durante l'intervento chirurgico, come la determinazione dei livelli di ormone paratiroideo nel fluido tissutale o la misurazione del livello di ormone paratiroideo nel sangue. L'ormone paratiroideo viene rapidamente degradato nel sangue, e se l'adenoma è stato trovato e rimosso, i suoi livelli diminuiranno dimostrando il successo dell'intervento chirurgico.

Come viene eseguito l'esame isotopico della paratiroide (scintigrafia con sestamibi)?

L'esame viene eseguito con sostanze marcate con l' isotopo del tecnezio che emettono radiazioni e si degradano rapidamente. Non c'è bisogno di eseguire l'esame a stomaco vuoto. L'esame non è pericoloso, poiché l'isotopo si degrada rapidamente e viene iniettata solo una piccola dose.

Come viene trattato l'iperparatiroidismo primario?

Il trattamento di prima linea è la rimozione chirurgica. La domanda principale, tuttavia, è se tutti dovrebbero essere operati o no.

In quali casi è necessario eseguire l'intervento chirurgico?

Questa domanda è diventata attuale a causa della crescente frequenza di iperparatiroidismo primario asintomatico. Si conoscono sempre più casi in cui non si propone l'intervento chirurgico ma solo controlli periodici (una volta ogni sei o dodici mesi). L'intervento chirurgico è indicato se uno dei seguenti criteri è soddisfatto: aumento del livello di calcio nel sangue di più di 0,25 mmol/L (1 mg/dL in altre unità) oltre il limite superiore della norma; funzione renale diminuita o aumento del rilascio di calcio nelle urine o calcolo/calcificazione renale; osteoporosi/frattura vertebrale; o infine, età inferiore a cinquant'anni. In altri casi, in assenza di queste circostanze, specialmente nei pazienti anziani, può essere proposta l'osservazione poiché nella maggior parte dei casi non c'è un notevole peggioramento della condizione clinica.

Cosa si può fare fino al momento dell'intervento chirurgico in caso di grave iperparatiroidismo primario, o in casi in cui l'intervento chirurgico non è possibile? L'eccessivo aumento dei livelli di calcio nel sangue può essere migliorato bevendo abbondanti liquidi e con i cosiddetti diuretici dell'ansa (come la furosemide). (L'ansa si riferisce a una parte dei dotti renali, dove questi diuretici hanno azione.) È importante notare che i diuretici appartenenti alla classe dei tiazidici (come l'idroclorotiazide o l'indapamide) trattengono il calcio e quindi dovrebbero essere omessi. Il riassorbimento osseo può essere inibito dai bifosfonati (questi farmaci saranno discussi successivamente nella sezione sull'osteoporosi). Esiste un farmaco disponibile per il trattamento dell' iperparatiroidismo terziario che agisce tramite il recettore sensore del calcio della paratiroide. Il cinacalcet inibisce il rilascio dell'ormone paratiroideo, ma questo è usato eccezionalmente nel trattamento dell'iperparatiroidismo primario.

Cosa succede dopo un intervento chirurgico di successo alla paratiroide?
Il livello di calcio nel sangue diminuisce dopo un intervento chirurgico di successo. C'è spesso una forte diminuzione del calcio che porta a valori al di sotto del limite normale. Questo può essere particolarmente grave se c'è anche una carenza di vitamina D. Il calcio ridotto potrebbe portare a intorpidimento delle mani e delle estremità, e molti pazienti richiedono un'integrazione di calcio e vitamina D dopo l'intervento chirurgico. Per sostituire la vitamina D, la forma completamente attiva (il calcitriolo) è la più efficace poiché la capacità di attivazione della vitamina D del rene è ridotta a causa dei livelli ridotti dell'ormone paratiroideo.

Quali altre cause di aumento del livello di calcio nel sangue sono note oltre all'iperparatiroidismo primario?
I livelli di calcio aumentano in alcune infiammazioni croniche, dove l'attivazione della vitamina D avviene nelle cellule infiammatorie. Tali situazioni possono verificarsi ad esempio nella sarcoidosi di Boeck, un'infiammazione che colpisce il polmone ma anche altri organi, o anche nella tubercolosi.

Un grave aumento del livello di calcio nel sangue può essere associato a tumori maligni, per lo più originati nel polmone. Queste sono le forme più comuni di sindromi paraneoplastiche endocrine (Capitolo 1, Box 1.7) dove né la dimensione né le metastasi del tumore sono responsabili delle sindromi ma gli ormoni. Le cellule tumorali producono in grandi quantità il peptide correlato all'ormone paratiroideo che lega il recettore dell'ormone paratiroideo, avendo azioni simili. Normalmente questo peptide simile all'ormone paratiroideo non è coinvolto nella regolazione del metabolismo del calcio. Tuttavia, grandi quantità del peptide prodotto dal tumore maligno entrano nella circolazione sanguigna e attraverso l'attivazione del recettore dell'ormone paratiroideo inducono un grave aumento del livello di calcio. In questi casi il livello dello stesso ormone paratiroideo è basso consentendo la loro differenziazione.

4.2.2   Ghiandole paratiroidi ipofunzionanti (ipoparatiroidismo)

L'ipoparatiroidismo non è una condizione frequente. La mancanza o la riduzione della produzione dell'ormone paratiroideo comporta un basso livello di calcio nel sangue. La causa più comune di una ipofunzione paratiroidea è un danno alle ghiandole dovuto a un intervento chirurgico al collo, più spesso durante la rimozione della ghiandola tiroidea. Anche l'autoimmunità può essere responsabile dell'ipofunzione paratiroidea.

Quali sono i sintomi di un'ipofunzione paratiroidea?

I livelli ridotti di calcio influenzano principalmente il funzionamento dei nervi e dei muscoli. Possono svilupparsi problemi di sensibilità, intorpidimento, principalmente delle mani e del viso, e crampi muscolari a causa dell'aumentata eccitabilità dei muscoli e dei nervi. La forma più grave di questi crampi è chiamata **tetania** dove le mani assumono una forma caratteristica (Fig. 4.4). Nella sua forma più grave, ma fortunatamente molto rara, è possibileosservare un crampo potenzialmente letale delle corde vocali e il restringimento dei bronchi. Possono verificarsi anche disturbi cardiaci accompagnati da cambiamenti caratteristici nell'ECG (elettrocardiogramma). Nell' ipoparatiroidismo cronico e di lunga durata, il calcio può depositarsi nei cosiddetti gangli basali del cervello e nell'occhio causando cataratta.

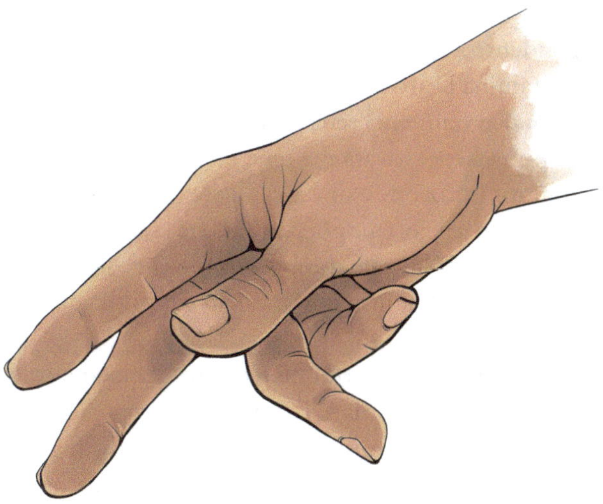

Fig. 4.4   Postura tipica della mano durante un crampo indotto da basso livello di calcio (tetania)

Come stabiliamo la diagnosi di una ipo funzione paratiroidea (ipoparatiroidismo)?

I livelli di calcio nel sangue sono bassi, il fosfato è alto e il livello dell'ormone paratiroideo è basso.

Come si tratta l'ipoparatiroidismo acuto?

Un'ipofunzione paratiroidea acuta (Box 4.4) che comporta una rapida e grave riduzione del calcio nel sangue richiede la somministrazione di calcio endovenoso (preferibilmente gluconato di calcio) che deve essere monitorata dal medico curante. I pazienti dovrebbero essere forniti di una carta di emergenza come nell'insufficienza surrenalica (Fig. 4.5 e 2.15)

Box 4.4

Qual è la differenza tra una malattia acuta e una cronica ? Una malattia acuta progredisce rapidamente, poiché può svilupparsi in ore o giorni, e si risolve entro alcuni giorni o settimane. Al contrario, le malattie croniche si sviluppano lentamente nel corso di diversi mesi o anni, e possono essere presenti per un lungo periodo.

Come trattiamo l'ipoparatiroidismo cronico?

La somministrazione di calcio e vitamina D costituisce la base per il trattamento dell'ipoparatiroidismo cronico (Box 4.4). Sono necessari 1–2 grammi di assunzione giornaliera di calcio come carbonato di calcio o citrato di calcio. La vitamina D dovrebbe essere somministrata nella sua forma attiva che è caratterizzata dalle modifiche chimiche corrispondenti al processo di attivazione che avviene nel fegato e nel rene. La forma attiva di vitamina D si chiama calcitriolo (1,25-diidrossivitamina D3), ma può essere utilizzato anche l'alfacalcidolo che porta solo la modifica corrispondente all'attivazione nel rene (1-idrossivitamina D3). La somministrazione di vitamina D attiva è importante, poiché l'attivazione di 25-idrossivitamina D non può avvenire nel rene senza l'ormone paratiroideo. Pertanto, la vitamina D3 non può essere attivata nel rene in pazienti con ipoparatiroidismo. Lo scopo della somministrazione è di raggiungere un livello di calcio basso-normale nel sangue. Oltre al calcio, è importante anche la sostituzione del magnesio.

Come ulteriore modo di trattamento, possono essere utilizzati i diuretici tiazidici che inibiscono la perdita urinaria di calcio e quindi aumentano i livelli di calcio nel sangue.

Considerando la mancanza di ormone paratiroideo come origine della malattia, sarebbe certamente logico dare l'ormone paratiroideo stesso ai pazienti affetti. Questo, tuttavia, non è considerato un'opzione di trattamento di prima linea e non è ampiamente disponibile. Inoltre, c'è solo una limitata esperienza con la sostituzione dell'ormone paratiroideo, ed è possibile solo come iniezione

Fig. 4.5   Carta d'emergenza emessa dalla Società Europea di Endocrinologia (ESE) per i pazienti affetti da ipoparatiroidismo. L'ipercalcemia è principalmente osservata in pazienti sovradosati con vitamina D e calcio. (Copyright Società Europea di Endocrinologia, traduzione Italiana realizzata in collaborazione con l'Associazione Medici Endocrinologi, riprodotto con permesso)

giornaliera. La somministrazione dell'ormone paratiroideo dovrebbe essere presa in considerazione solo nei pazienti che non rispondono bene alla sostituzione "classica" di calcio e vitamina D.

4.3   Malattie metaboliche dell'osso

La ricerca degli ultimi decenni ha rivelato che lo scheletro non può essere considerato semplicemente come una struttura passiva che garantisce il sostegno e il movimento del corpo, ma anche come un sistema vivo con un attivo metabolismo, che produce diverse sostanze regolatrici. È anche la principale riserva di calcio del corpo. L'osso è un tessuto dinamico che viene costantemente formato e degradato (riassorbito), e l'equilibrio di questi processi è una caratteristica importante della salute dell'osso. Questo processo di costante formazione e riassorbimento dell'osso (degradazione) senza alterare la quantità complessiva è

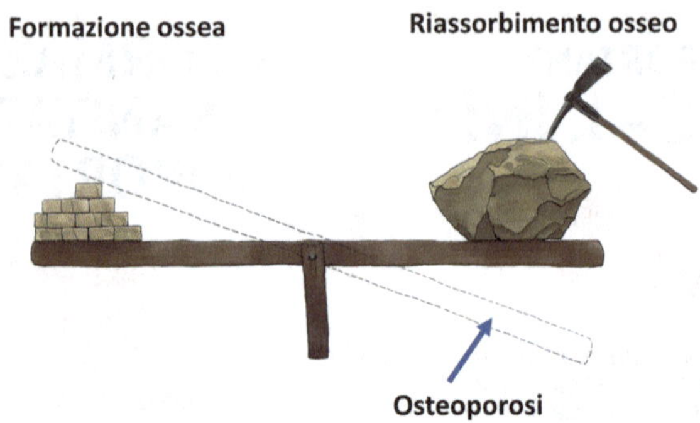

Fig. 4.6 Vista schematica dell'equilibrio osseo, del rimodellamento e del suo disturbo nell'osteoporosi. In condizioni normali, la formazione ossea e il riassorbimento osseo sono in equilibrio, ma nell'osteoporosi (indicata da linee tratteggiate), il riassorbimento osseo diventa dominante risultando in una riduzione della massa ossea

chiamato **"rimodellamento"** (Fig. 4.6). Attraverso questo, si garantisce che ci sia sempre tessuto osseo di buona qualità disponibile e che l'osso possa guarire in caso di lesioni. Il processo di rimodellamento è regolato da diversi ormoni ed altri fattori. L'ormone paratiroideo, gli estrogeni e diverse proteine attive localmente sono coinvolti in questo processo. **Gli osteoblasti** sono le cellule responsabili della formazione dell'osso, mentre **gli osteoclasti** sono coinvolti nel suo riassorbimento.

Le malattie metaboliche dell'osso sono caratterizzate da danni al funzionamento, al metabolismo e al rimodellamento dell'osso. Qui vengono discusse le due principali forme di queste malattie, l'osteoporosi e l'osteomalacia. L'osso è composto da materiali organici e inorganici, e il calcio è il componente inorganico più importante.

4.3.1   Osteoporosi

L'osteoporosi è una malattia molto complessa che coinvolge diverse altre discipline mediche oltre all'endocrinologia. Nell'osteoporosi è disturbato, l'equilibrio del rimodellamento, e quindi viene formato meno osso di quanto ne venga riassorbito (Fig. 4.6). La microstruttura dell'osso è danneggiata e la qualità dell'osso si deteriora. Nell'osteoporosi diminuisce sia la quantità dei componenti ossei organici che inorganici.

Quali sono le principali cause dell'osteoporosi?
Ci sono due gruppi principali. L'osteoporosi legata all'età è per lo più osservata nelle donne dopo la cessazione dei cicli mestruali (menopausa), ma può anche svilupparsi negli uomini, per lo più negli anziani. L'osteoporosi secondaria ha numerose cause tra cui malattie (come ipertiroidismo (Capitolo 3.2), sindrome di

Cushing (Capitolo 5.2.2), malattie infiammatorie intestinali, celiachia (Box 3.2)), malattie renali, malattie autoimmuni, tumori e trattamenti farmacologici (glucocorticoidi (Capitolo 5.2.3)) etc.

Quali sono le principali conseguenze dell'osteoporosi?

Le fratture ossee rappresentano il pericolo più importante dell'osteoporosi. Le fratture possono colpire la colonna vertebrale, il collo del femore e il polso. Oltre l'età di 50 anni, possono verificarsi quasi tutti i tipi di fratture ossee (come arti superiori e inferiori, costole, bacino e gamba). Le fratture della caviglia e del cranio, tuttavia, non sono tipiche dell'osteoporosi.

La compressione delle vertebre può provocare dolore alla schiena, distorsione della colonna vertebrale e riduzione dell'altezza. La frattura del collo del femore è una delle complicanze più gravi e può costringere a letto il paziente affetto. È una delle principali cause di deterioramento cronico della salute e di morte tra gli anziani.

Come possiamo stabilire una diagnosi di osteoporosi?

È importante sottolineare che non esiste un indicatore nel sangue che possa dimostrare l'osteoporosi. Per la sua diagnosi, dovrebbe essere dimostrato un cambiamento nella qualità dell'osso, una ridotta densità ossea. A tal fine, oggi, si utilizza per lo più un metodo basato sui raggi X chiamato **osteodensitometria** (abbreviato come ODM) Oltre alla densità ossea, vengono misurati due importanti parametri, il punteggio T e il punteggio Z. Il **punteggio T** confronta la densità ossea del paziente con persone giovani sane dello stesso sesso, mentre il **punteggio Z** la confronta con individui dello stesso gruppo di età e sesso. La diagnosi di osteoporosi può essere stabilita se il punteggio T è inferiore a $-2{,}5$, mentre tra -1 e $-2{,}5$ si usa il termine "densità ossea ridotta" (osteopenia). Vengono misurate le vertebre della colonna lombare, il collo del femore e l'avambraccio. L'osteoporosi è grave se il paziente presenta una frattura ossea associata alla sua condizione.

Qual è il primo passo nel trattamento dell'osteoporosi?

Il trattamento di base dell'osteoporosi prevede la sostituzione di calcio e vitamina D, poiché la mancanza di questi rende inefficaci tutte le altre modalità di trattamento. È necessario un apporto giornaliero di 800–1200 mg di calcio e 1000 UI di vitamina D3, anche se l'apporto di vitamina D è comunque normale. In caso di carenza di vitamina D, certamente sono necessarie dosi più elevate. La sostituzione della vitamina D è necessaria non solo nel periodo invernale meno soleggiato nei climi temperati, ma durante tutto l'anno.

Come possiamo misurare la sufficienza di vitamina D?

La sufficienza di vitamina D può essere indagata misurando i livelli di **25-idrossivitamina D3** nel sangue.

Quali opzioni di trattamento sono disponibili per il trattamento dell'osteoporosi?

È importante smettere di fumare e fare regolare esercizio fisico. I farmaci che inibiscono il riassorbimento dell'osso vengono utilizzati come prima linea. **I bifosfonati** appartengono a questo gruppo (come acido alendronico e acido risedronico) e sono disponibili sia come compresse che come infusioni (Box 4.5). Un agente sviluppato più di revcente è il **denosumab** che viene somministrato tramite iniezione sottocutanea ogni sei mesi. I derivati dell'estrogeno e le loro forme modificate possono essere utilizzati per il trattamento dell'osteoporosi femminile. I derivati tradizionali dell'estrogeno aumentavano il rischio di cancro al seno e all'utero, quindi sono state sviluppate sostanze modificate (come il raloxifene) che non presentano questi pericoli. Il raloxifene può addirittura ridurre il rischio di cancro al seno dopo la menopausa. Tuttavia, l'efficacia dei derivati dell'estrogeno è inferiore rispetto ai bifosfonati e al denosumab.

Box 4.5

Consigli per l'assunzione di farmaci: A cosa bisogna fare attenzione durante la terapia con compresse di bisfosfonati?

Una notevole proporzione di bisfosfonati utilizzati oggi dovrebbe essere assunta una volta alla settimana, il che è molto comodo. Un effetto collaterale sgradevole dei bisfosfonati è legato a disturbi dell'addome superiore-stomaco causati da irritazione o infiammazione e, in casi gravi, ulcera dell' esofago. Per evitarlo, il farmaco dovrebbe essere assunto al mattino in posizione eretta o seduta con un bicchiere d'acqua pura, e i pazienti non dovrebbero sdraiarsi per almeno mezz'ora dopo l'assunzione. I pazienti non dovrebbero mangiare o assumere altri farmaci per mezz'ora dopo aver ingerito i bisfosfonati in quanto questi possono compromettere il loro assorbimento nell'intestino. Si dovrebbe prestare attenzione quando si utilizzano bisfosfonati in pazienti con danni renali, e non possono essere utilizzati in caso di grave insufficienza renale.

Una scoperta sorprendente ha rivelato che la somministrazione periodica dell'ormone paratiroideo porta alla formazione di nuovo tessuto osseo di buona qualità. Pertanto, la sovrapproduzione di ormone paratiroideo nell'iperparatiroidismo primario (paratiroidi iperfunzionanti) porta alla perdita ossea, ma la sua somministrazione periodica porta alla formazione ossea. Le iniezioni sottocutanee giornaliere di un derivato dell'ormone paratiroideo (**teriparatide**) possono essere utilizzate per il trattamento dell'osteoporosi grave per un massimo di 1,5 anni. Il teriparatide è un agente anabolico che facilita la formazione ossea. Un nuovo agente anabolico, il romosozumab (un anticorpo contro la proteina sclerostina che inibisce la formazione ossea) è una nuova opzione di trattamento nei pazienti con osteoporosi avanzata.

Qual è l'effetto collaterale più grave dei bifosfonati e del denosumab?
Un effetto collaterale molto raro, ma grave, è la necrosi della mandibola. (La necrosi significa morte del tessuto.) Per prevenirla, si consiglia un accurato esame di controllo di base dal dentista prima di iniziare questi trattamenti, e gli interventi che riguardano l'osso dovrebbero essere eseguiti in anticipo. Anche la frattura atipica del femore è una rara complicazione. Deve essere sottolineato, tuttavia, che gli effetti benefici di questi farmaci superano di gran lunga i loro rischi, e quindi questi trattamenti efficaci non dovrebbero essere scartati per paura di queste rare complicanze.

Quanto sono efficaci i farmaci che inibiscono il riassorbimento osseo?
L'inibizione del riassorbimento osseo è un metodo di trattamento molto efficace. Il 50–70% delle fratture vertebrali e il 40–60% delle fratture dell'anca possono essere prevenute assumendo bifosfonati o denosumab. Il beneficio di questi farmaci supera di gran lunga il loro rischio.

Chi dovrebbe essere trattato?
Un punteggio T anomalo non indica direttamente il trattamento mirato dell'osteoporosi. Si propone a tutti i pazienti l'integrazione di calcio e vitamina D. Tuttavia, il rischio di fratture ossee è influenzato da molti altri fattori, tra cui la stabilità della camminata, il peso corporeo, il fumo, il consumo di alcol e le precedenti fratture ossee del paziente o di un familiare stretto. Per selezionare i pazienti da trattare, è stato sviluppato un sistema informatico che considera molti fattori, chiamato **FRAX** (Strumento di valutazione del rischio di frattura). FRAX predice il rischio di frattura per il paziente nei successivi 10 anni. Il trattamento che inibisce il riassorbimento osseo dovrebbe essere avviato per rischi di frattura superiori al 3% per l'anca e superiori al 20% per altre importanti fratture correlate all'osteoporosi.

Come possiamo valutare l'efficacia del trattamento dell'osteoporosi?
Per questo scopo utilizziamo principalmente l'osteodensitometria. La densità ossea viene solitamente determinata una volta all'anno nei pazienti con osteoporosi, poiché il metabolismo osseo è lento.

4.3.2   Osteomalacia

L'osteomalacia si sviluppa a causa di disturbi del deposito minerale, principalmente di calcio nell'osso. A differenza dell'osteoporosi, dove diminuiscono sia le componenti organiche che inorganiche, nell'osteomalacia mancano solo le sostanze minerali inorganiche. Sono note diverse cause di osteomalacia, ma le più importanti sono legate alla carenza di vitamina D.

La carenza di vitamina D è più spesso associata a fattori dietetici e di stile di vita (mancanza di luce solare), ma ci sono anche diverse cause più rare. La forma infantile di osteomalacia è chiamata **rachitismo** ed oggi è fortunatamente rara.

È caratterizzata da diverse deformazioni scheletriche, dolori ossei e muscolari e bassa statura corporea a causa del coinvolgimento delle cartilagini di accrescimento responsabili della crescita ossea longitudinale.

Quali sono le conseguenze di una grave carenza di vitamina D?

L'assorbimento di calcio e fosfato è diminuito in caso di carenza di vitamina D. A causa dei bassi livelli di calcio nel sangue, la produzione di ormone paratiroideo aumenta, stimolando il rilascio di calcio dalle ossa, riducendo così il loro contenuto di calcio. L'ormone paratiroideo aumenta anche il riassorbimento di calcio dall'urina nei reni, ma favorisce la perdita di fosfato nelle urine. Anche il basso fosfato è rilevante nel disturbo del deposito minerale.

Tutti questi eventi portano al disturbo del rimodellamento osseo, poiché il riassorbimento osseo è aumentato, ma i minerali non riescono a essere depositati in quantità adeguate nel nuovo tessuto osseo formato. Il nuovo osso è quindi di scarsa qualità, la sua resistenza è diminuita e quindi si deforma facilmente.

Quali sono le differenze nel quadro clinico dell'osteoporosi e dell'osteomalacia?

Il dolore non è caratteristico nell'osteoporosi, mentre sia i dolori ossei che muscolari sono tipici nell'osteomalacia. Nell'osteoporosi le fratture ossee si verificano per traumi minori. Le fratture ossee possono anche svilupparsi nell'osteomalacia, ma le deformità ossee sono molto più comuni. Le ossa possono essere molto più morbide del normale. Può verificarsi l'incurvamento delle ossa lunghe (ad es. l'osso del femore). Nei casi gravi di osteomalacia, i dolori ossei e le deformità possono persino portare a disturbi del movimento. Nei casi di osteomalacia non trattata di lungo termine, può essere coinvolto anche il muscolo cardiaco.

Per quanto riguarda i risultati di laboratorio, i livelli di calcio non sono influenzati nell'osteoporosi, ma possono essere ridotti nell'osteomalacia. Inoltre, in quest'ultima, il livello ematico dell'enzima fosfatasi alcalina può essere aumentato.

Come si differenzia il rachitismo dall'osteomalacia negli adulti?

Nell'infanzia le ossa comprendono le cartilagini di accrescimento che diventano ossificate dopo la pubertà e quindi gli adulti non crescono. I tessuti con una intensa proliferazione cellulare, come le cartilagini di accrescimento, sono sensibili a varie carenze. La carenza di vitamina D nell'infanzia colpisce le cartilagini di accrescimento. Inoltre, nel rachitismo possono verificarsi diverse alterazioni scheletriche. Queste includono deformazioni del cranio e del torace e ispessimento del polso. I casi più gravi sono associati a bassa statura corporea e deformità scheletriche che rimangono per tutta la vita.

Come stabiliamo la diagnosi di carenza di vitamina D?

Come già discusso sopra, il modo più affidabile per valutare la sufficienza di vitamina D, o la sua mancanza, è misurare la concentrazione ematica del precursore della vitamina D, la 25-idrossivitamina D3.

Cosa è necessario per stabilire la diagnosi di osteomalacia?

La carenza di vitamina D non coincide necessariamente con la diagnosi di osteo-malacia. La maggior parte dei casi di carenza di vitamina D sono asintomatici, rivelati solo dai risultati di laboratorio, tra cui bassi livelli di calcio nel sangue, e l'aumento dell'ormone paratiroideo (iperparatiroidismo secondario). Un basso livello di 25-idrossivitamina D3 conferma la carenza di vitamina D. Per la diagnosi di osteomalacia, dovrebbero essere dimostrate alterazioni scheletriche attraverso un esame accurato del paziente e immagini radiografiche. L'aspetto delle vertebre cambia su una radiografia a causa del ridotto contenuto di calcio. Cosiddette pseudo-fratture possono essere trovate sulle ossa lunghe.

L'osteodensitometria è il metodo primario per la diagnosi dell'osteoporosi e può mostrare anomalie anche nell'osteomalacia. Tuttavia, non è adatto per distinguere tra le due. Pertanto, l'osteodensitometria non è necessaria per la diagnosi di osteomalacia.

Come si tratta l'osteomalacia?

Un adeguato apporto di calcio (almeno 1000 mg al giorno) e vitamina D è il trattamento più importante. Le dosi di vitamina D richieste sono superiori a quelle necessarie per il semplice apporto giornaliero. La letteratura medica non è unanime sulle dosi richieste. Nelle prime sei settimane di trattamento, possono essere necessarie quotidianamente 3000–6000 UI di vitamina D3. Successivamente dovrebbero essere somministrate quotidianamente 1000–2000 UI con controlli regolari dei livelli ematici di 25-idrossivitamina D3. È anche possibile somministrare dosi più alte una volta alla settimana. L'apporto della vitamina D di solito ha successo e la situazione si normalizza entro alcune settimane o mesi.

Cosa bisogna tenere d'occhio durante l'integrazione di vitamina D?

Essendo una vitamina liposolubile, la vitamina D può essere sovradosata. Il rischio di sovradosaggio è minimo con dosi giornaliere inferiori a 4000 UI, ma sopra le 10.000 UI giornaliere, il rischio di sovradosaggio è reale. Durante il sovradosaggio possono svilupparsi livelli elevati di calcio nel sangue e nelle urine. Il maggior calcio rilasciato nelle urine si può depositare nei reni e portare a calcoli renali. In casi ancora più gravi può svilupparsi anche una calcificazione renale.

5

Malattie della ghiandola surrenale

5.1 Caratteristiche generali della ghiandola surrenale

La ghiandola surrenale è un organo pari che si trova sul polo superiore di entrambi i reni (Fig. 5.1a). È composta da due parti: la parte esterna, più grande, è chiamata corteccia surrenale, mentre la interna è la midollare surrenale (Fig. 5.1b). Il loro peso combinato negli adulti è di circa 7–10 grammi. La corteccia surrenale e la midollare hanno origini diverse e svolgono funzioni diverse. La ghiandola surrenale produce ormoni di importanza fondamentale la cui iperproduzione e carenza sono correlate a gravi malattie.

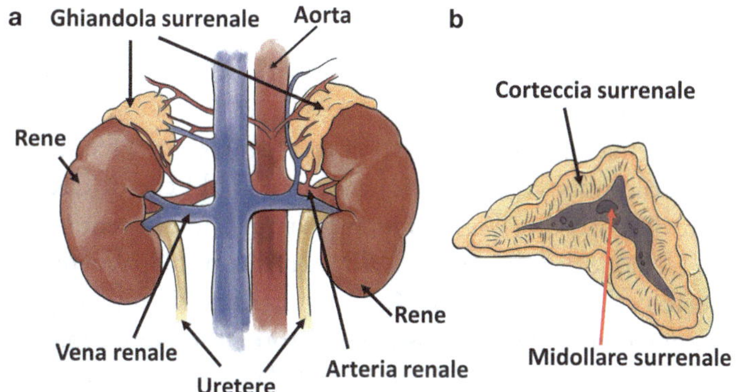

Fig. 5.1 **a** Posizione della ghiandola surrenale sulla parte superiore del rene, **b** Immagine schematica in sezione trasversale della ghiandola surrenale. La parte esterna più ampia è la corteccia surrenale, quella interna è la midollare surrenale

5.2   La corteccia surrenale

5.2.1   Ormoni della corteccia surrenale

Gli ormoni della corteccia surrenale appartengono al gruppo degli ormoni steroidei. Gli ormoni della corteccia surrenale possono essere classificati in tre gruppi principali: i. glucocorticoidi il cui rappresentante più importante è **il cortisolo**, che ha azioni diffuse sull'organismo, ed è il principale ormone dello stress ii. mineralocorticoidi che sono coinvolti nella regolazione del sale e dell'acqua con il loro rappresentante principale **l'aldosterone**, e iii. ormoni androgeni (Box 5.1) che promuovono la comparsa e il mantenimento delle caratteristiche maschili e stimolano le funzioni sessuali maschili.

> **Box 5.1**
>
> Tra gli androgeni, il testosterone prodotto dai testicoli è il più potente. Gli androgeni surrenalici sono molto meno efficaci, tuttavia, sono importanti soprattutto nelle donne dove gli androgeni deboli sono rilevanti nella pubertà, nello sviluppo osseo e nel desiderio sessuale. Il DHEAS (deidroepiandrosterone-solfato) è l'androgeno surrenalico più importante, e quellostressors prodotto nella maggiore quantità.

La corteccia surrenale è composta da tre strati. L'esterno produce aldosterone, il medio cortisolo, e lo strato interno è responsabile per la produzione di androgeni surrenali.

La produzione di ormoni della corteccia surrenale è regolata dal sistema ipotalamo-ipofisi. Come presentato in Capitolo 1 e nel capitolo sull'ipofisi (Capitolo 2), il **CRH** (ormone liberante corticotropina) secreto dall'ipotalamo stimola la produzione di **ACTH** (ormone adrenocorticotropo, adrenocorticotropina) nella parte anteriore dell'ipofisi che a sua volta stimola la secrezione di glucocorticoidi dalla corteccia surrenale.

In questo sistema regolatorio si osserva una regolazione a feedback negativo, poiché il cortisolo inibisce la secrezione sia di ACTH che di CRH (Fig. 5.2). Diversamente dal cortisolo, l'ACTH ipofisario non è fondamentale nella regolazione della secrezione di aldosterone. L'aldosterone è principalmente regolato dal **potassio sierico** e dall'**angiotensina II**. L'angiotensina II è uno degli ormoni più potenti nella costrizione dei vasi (vasoconstrittore). L'angiotensina II è prodotta dall'angiotensina I che a sua volta è prodotta dalla scissione della proteina angiotensinogeno. L'enzima **renina** prodotto dai reni è responsabile della scissione. La secrezione di ormoni androgeni è regolata dall' ACTH ipofisario, in modo simile al cortisolo.

Gli effetti del cortisolo sono molto diffusi, poiché è uno dei principali regolatori del metabolismo. Stimola la produzione di glucosio (zucchero) nel fegato,

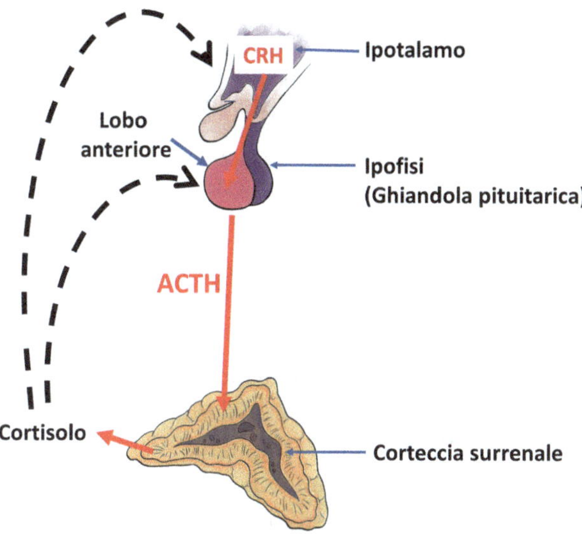

Fig. 5.2 Regolazione del sistema ipotalamo-ipofisi-corticosurrene . Il CRH di origine ipotalamica stimola la produzione di ACTH ipofisario che a sua volta stimola la produzione di cortisolo nella corteccia surrenale. Il cortisolo inibisce la produzione di CRH e ACTH tramite la regolazione a feedback negativo. Le frecce rosse indicano stimolazione, mentre le frecce tratteggiate nere indicano inibizione

il rilascio di zucchero dalle riserve di carboidrati del fegato (glicogeno), l'assorbimento e la degradazione del glucosio nei tessuti. A causa di questi effetti, regola l'omeostasi del glucosio in modo opposto all'insulina, poiché aumenta i livelli di glucosio. Stimola anche la degradazione delle proteine e dei grassi. Il cortisolo inibisce la formazione ossea e stimola il riassorbimento osseo. Inoltre, diversi ormoni richiedono la presenza di cortisolo, ad es. per la regolazione della pressione sanguigna. Ha effetti complessi sul sistema immunitario, inibendo principalmente la risposta immunitaria. Questa azione immunosoppressiva è sfruttata nell'inibizione dei processi autoimmuni nella pratica clinica. Il cortisolo e gli ormoni della midollare surrenale (epinefrina e norepinefrina) sono i principali ormoni dello stress, e la loro produzione è significativamente indotta in condizioni di stress (Box 5.2).

Box 5.2

Cos'è lo stress? Lo stress denota una condizione in cui l'equilibrio del funzionamento del corpo (omeostasi) è messo a rischio da fattori esterni o interni chiamati stressors. Gli stressors possono essere sia fisici che psichici. La risposta fisiologica allo stress include due elementi principali: l'attivazione del sistema nervoso autonomo (vegetativo) e una risposta ormonale associata. La risposta ormonale è principalmente legata all'attivazione della ghiandola surrenale. (Il sistema nervoso autonomo regola il funzionamento degli organi interni, ad esempio l'innervazione del cuore o la regolazione del sistema stomaco-intestino.) Sia il cortisolo corticosurrenale che gli ormoni adrenomidollari sono importanti nella risposta allo stress. Durante la risposta allo stress sono stimolati anche altri ormoni, come la prolattina ipofisaria. La corteccia surrenale è attivata tramite il sistema ipotalamo-ipofisario. Lo stress può essere acuto o cronico. La risposta di fuga o lotta è una tipica risposta allo stress acuto che include cambiamenti fisiologici come la dilatazione della pupilla dell'occhio, aumento della frequenza cardiaca, sudorazione ecc. Lo stress cronico è coinvolto nello sviluppo di diverse malattie, come le malattie cardiache e vascolari.

L'aldosterone stimola il riassorbimento di sodio dall'urina al sangue nel rene e facilita l'eliminazione del potassio attraverso l'urina. Gioca un ruolo fondamentale nella regolazione della pressione sanguigna. Nel complesso è un ormone fondamentale nella regolazione dell'omeostasi del sale e dell'acqua.

In confronto al cortisolo e all'aldosterone, la rilevanza degli androgeni surrenali è relativamente minore. Negli uomini, il testosterone, l'androgeno prodotto dai testicoli ha azioni molto più potenti, e quindi la rilevanza degli androgeni surrenali è secondaria. Nelle donne, al contrario, gli androgeni surrenali sono importanti ad esempio per il benessere generale, l'attività sessuale e la libido. Gli androgeni surrenali sono anche importanti durante lo sviluppo sessuale, ad es. nell'apparizione di peli sessuali durante la pubertà.

L'iperproduzione di ormoni surrenali è correlata a due importanti malattie: la sindrome di Cushing correlata all'iperproduzione di cortisolo e l'iperaldosteronismo primario dovuto all'ipersecrezione di aldosterone. La mancanza di questi ormoni provoca una insufficienza surrenalica primaria che viene definita malattia di Addison. In questa sezione saranno discussi anche i difetti negli enzimi coinvolti nella produzione degli ormoni steroidei surrenalici.

5.2.2 Sindrome di Cushing

La sovrapproduzione di cortisolo che porta alla sindrome di Cushing è una delle malattie ormonali più complesse. La sovrapproduzione di cortisolo provoca cambiamenti caratteristici nell'aspetto esterno ma è anche associata a gravi disfunzioni degli organi interni. L'obesità qui ha una caratteristica distintiva localizzandosi intorno al tronco, mentre gli arti sono sottili. Il grasso si deposita sulla parte superiore della schiena risultando in un "gobba di bufalo". Il viso è rotondo e rossastro e viene chiamato "faccia a luna piena" (Fig. 5.3). La pelle diventa sottile e vulnerabile, e la guarigione delle ferite richiede più tempo. Strisce viola-rossastre, che vengono chiamate strie o smagliature, appaiono sulla pelle del ventre e nelle ascelle (Box 5.3). La sovrapproduzione di cortisolo disturba il funzionamento del sistema immunitario e si osserva un aumento del rischio di infezioni.

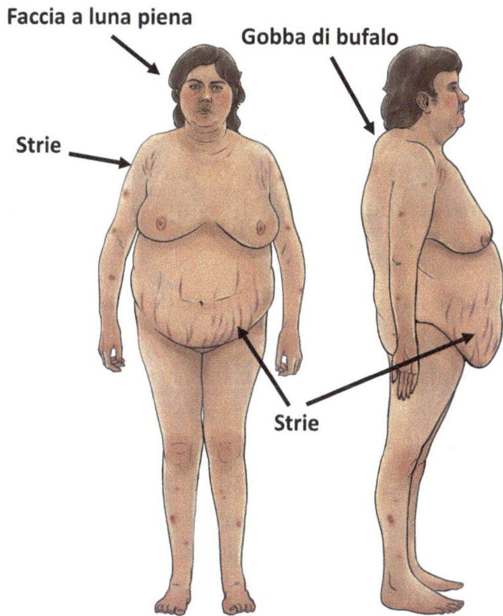

Fig. 5.3 Aspetto tipico di un paziente affetto da sindrome di Cushing. Sono caratteristici i cambiamenti nella distribuzione del grasso, tra cui obesità tronculare, estremità sottili, faccia a luna piena e gibbo di bufalo sulla schiena. Le smagliature (strie) sono caratteristiche sia sulla pancia che nelle ascelle. La cute diventa vulnerabile

---

Box 5.3

Cosa sono le strie o smagliature? Queste sono striature sulla cute che sono piuttosto comuni e per lo più non correlate alla sindrome di Cushing. Le tipiche smagliature della sindrome di Cushing sono larghe e di colore viola-rossastro (strie rubre). Le smagliature sono comunemente dovute alla gravidanza e all'obesità grave, ma queste sono di solito strette e bianche.

Anche la debolezza muscolare è comune. Possono comparire ipertensione, diabete, osteoporosi, ulcere gastriche o duodenali e cataratte. La formazione di ulcere è legata agli effetti dei glucocorticoidi che riducono la protezione della mucosa gastrica contro un ambiente acido.

L'ipertensione e il diabete possono essere gravi, richiedendo la somministrazione simultanea di diversi farmaci e persino il trattamento con insulina per il diabete. L'osteoporosi porta a un aumento della predisposizione alle fratture compresi i crolli vertebrali. Alti livelli di cortisolo inibiscono la produzione di LH/FSH da parte dell'ipofisi risultando in disturbi della funzione sessuale come cicli mestruali rari o assenti nelle donne o impotenza negli uomini. Nei bambini, è comune il ritardo della crescita. Sono anche frequenti cambiamenti psichici, fluttuazioni dell'umore, depressione e insonnia. La sindrome di Cushing non trattata è una malattia grave con numerose complicanze.

La malattia prende il nome dal chirurgo americano, Harvey Cushing, che fu il primo a descrivere la malattia e a trattare con successo una paziente mediante la rimozione di un adenoma ipofisario. Questo trattamento può essere considerato un'impresa eroica considerando lo stato di sviluppo medico nella prima metà del ventesimo secolo.

Quali possono essere le cause della sindrome di Cushing?

Poiché la produzione di cortisolo nella corteccia surrenale non è indipendente, ma regolata dal sistema ipotalamico-ipofisario, la sindrome di Cushing può avere molteplici cause.

La sovrapproduzione di ACTH è la causa più comune della sindrome di Cushing. Nella maggior parte dei casi (circa il 70% del totale), l'ACTH è sovrapprodotta da un adenoma ipofisario produttore di ACTH (più frequentemente microadenoma, ma a volte macroadenoma). Questa forma di malattia è chiamata **malattia di Cushing** all'interno della più ampia categoria, sindrome di Cushing (Fig. 5.4a).

La malattia di Cushing è molto più comune nelle donne che negli uomini. Tuttavia, l'ACTH, può derivare non solo dall'ipofisi, ma in rari casi da altri tumori che normalmente non producono ACTH. Questo si osserva più frequentemente nei tumori polmonari, ma anche altri tumori possono essere responsabili di questo fenomeno (Fig. 5.4b). Tali tumori iniziano a produrre quantità incontrollate di ACTH che risultano in una grave sindrome di Cushing con

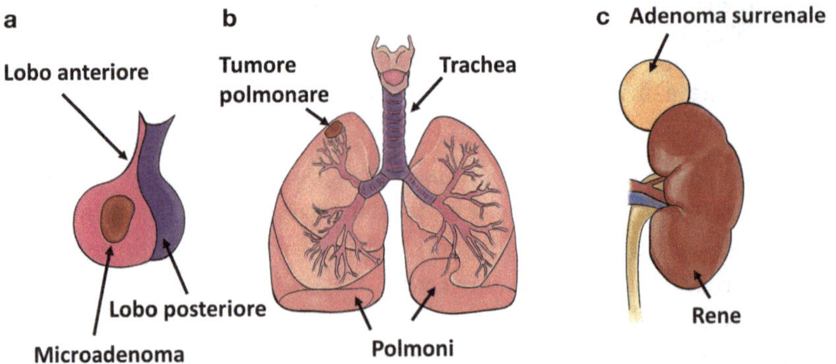

Fig. 5.4 Cause della sindrome di Cushing. **a** adenoma della ghiandola pituitaria, **b** tumore produttore di ACTH originato da un organo che normalmente non produce ACTH, osservato principalmente nei polmoni (sindrome da ACTH ectopico appartenente al gruppo delle sindromi paraneoplastiche), **c** tumore della ghiandola surrenale. Mentre la sindrome di Cushing causata da un adenoma pituitarico e le sindromi ACTH ectopiche sono forme ACTH-dipendenti, la sindrome di Cushing associata a tumore surrenale è ACTH-indipendente

diabete mellito e debolezza muscolare. (Questa sindrome è medicalmente denominata **sindrome da ACTH-ectopico**, dove la parola ectopico si riferisce alla fonte esterna di ACTH proveniente da un altro tumore, non dall'ipofisi.) La sindrome da ACTH ectopico appartiene al gruppo delle **sindromi paraneoplastiche** (Box 1.7).

Un'altra causa importante della sindrome di Cushing è legata alla produzione autonoma di cortisolo da parte della corteccia surrenale (15–20% dei casi) (Fig. 5.4c). Questa forma di sindrome di Cushing non dipende dall'ACTH, e i livelli di ACTH sono bassi a causa degli alti livelli di cortisolo. La maggior parte dei tumori della corteccia surrenale sono adenomi benigni, ma raramente può insorgere un cancro surrenalico maligno. Il cancro surrenalico può causare una forma molto grave di sindrome di Cushing.

La sindrome di Cushing è una malattia comune?

No, è una malattia rara. La malattia di Cushing causata da un adenoma ipofisario secernente ACTH, la forma più comune della sindrome di Cushing, si osserva in 2–7 nuovi casi per milione di persone in un anno. Tuttavia, la forma esogena della sindrome di Cushing causata dalla somministrazione di ormoni steroidei è molto più frequente (vedi dopo).

Come viene stabilita la diagnosi della sindrome di Cushing?

La diagnosi di una malattia endocrina inizia sempre con la rilevazione di un'eccessiva produzione di ormoni. Se c'è un sospetto di sindrome di Cushing, dovrebbero essere eseguiti test di screening. Ci sono tre principali test di screening: i. misurazione del **cortisolo urinario**, ii. studio del **ritmo giornaliero dei livelli di cortisolo**, e iii. un test di **soppressione con dexametasone**.

In qualsiasi forma di sindrome di Cushing (sia adenoma ipofisario secernente ACTH o altro tumore, o tumore surrenalico), questi test di screening possono essere utilizzati per stabilire la diagnosi.

Il cortisolo urinario viene misurato in campioni di urina raccolti per 24 ore (Capitolo 1, Box 1.11). I livelli di cortisolo urinario sono solitamente elevati nei pazienti con sindrome di Cushing.

Il cortisolo di solito segue un ritmo giornaliero: il suo livello più basso viene misurato a mezzanotte, poi i suoi livelli aumentano bruscamente all'alba, precedendo lo stress del risveglio (Fig. 5.5). Nella sindrome di Cushing, tuttavia, il normale ritmo giornaliero scompare, e i livelli di cortisolo a mezzanotte sono elevati. Il cortisolo può essere misurato nel sangue, ma per prelevare il sangue a mezzanotte il paziente dovrebbe essere in ospedale, oppure il cortisolo può essere misurato nella saliva che può essere prelevata a casa.

Durante il test con dexametasone a basso dosaggio, un glucocorticoide sintetico (artificiale), 1 mg di dexametasone, viene somministrato alle 23.00 e questo normalmente sopprime la secrezione di ACTH e cortisolo a causa della rego-

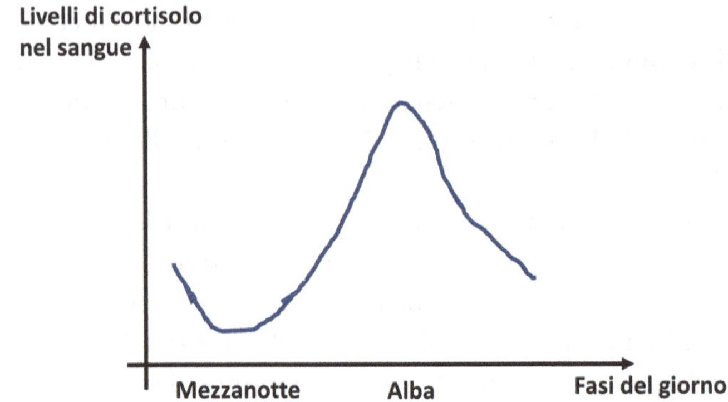

Fig. 5.5 Il ritmo giornaliero della produzione di cortisolo. I livelli ematici di cortisolo sono più bassi intorno a mezzanotte e più alti all'alba prima di svegliarsi. (Il ritmo giornaliero del cortisolo salivare è simile.)

lazione a feedback negativo del sistema ipofisi-surrene. Se il livello di cortisolo mattutino dopo la somministrazione di desametasone supera un certo limite, anche questo è un segno della sindrome di Cushing.

C'è qualche pericolo con il test del desametasone a basso dosaggio?
A questo dosaggio che corrisponde alla produzione giornaliera di glucocorticoidi da parte della corteccia surrenale, il test non presenta pericoli.

Sono utili i livelli di cortisolo nel sangue al mattino o il cortisolo salivare diurno per la diagnosi della sindrome di Cushing?
No, il cortisolo mattutino è molto variabile, inoltre anche la situazione di stress legata al prelievo di sangue può aumentare significativamente i livelli di cortisolo. L'elevato cortisolo mattutino quindi non può essere interpretato come un segno di sindrome di Cushing, poiché anche le persone sane possono presentare livelli elevati di cortisolo. Inoltre, i livelli di cortisolo nel sangue o nella saliva al mattino spesso non sono elevati nemmeno nei pazienti con sindrome di Cushing. Allo stesso modo, l'analisi dei livelli di cortisolo salivare diurno non è adatta per la diagnosi della sindrome di Cushing, e quindi questo tipo di analisi è superfluo.

I livelli elevati di cortisolo nel sangue indicano la sindrome di Cushing nelle donne che assumono contraccettivi?
No, i livelli ematici di ormoni steroidei non possono essere interpretati nelle donne che assumono contraccettivi, poiché il componente estrogenico dei contraccettivi aumenta la produzione di proteine leganti gli ormoni. Di regola, un esame endocrinologico dettagliato non può essere eseguito nelle donne che assumono contraccettivi. L'assunzione di contraccettivi dovrebbe essere interrotta per 3 mesi per eseguire misurazioni affidabili degli ormoni steroidei.

A cosa serve la misurazione dell'ACTH?

Misurando l'ACTH, si possono differenziare le cause dipendenti e indipendenti dall'ACTH. Un basso ACTH indica una sindrome di Cushing causata da un tumore surrenale, poiché le grandi quantità di cortisolo prodotte autonomamente sopprimono l'ACTH tramite il feedback negativo. Se l'ACTH è nel range normale o elevato, si può sospettare una forma dipendente dall'ACTH legata a un adenoma ipofisario, o a un tumore ectopico. Nelle forme ectopiche l'ACTH è solitamente molto elevato.

Come troviamo il tumore responsabile della sindrome di Cushing?

La situazione clinica più semplice è legata a un basso ACTH, poiché suggerisce la possibilità di un tumore surrenale. Nella maggior parte dei casi, un tumore surrenale può essere facilmente individuato tramite TC (tomografia computerizzata) o RM (risonanza magnetica) (Fig. 5.6).

La localizzazione dei tumori ACTH dipendenti è molto più difficile, poiché questi possono risiedere sia nell'ipofisi (la più comune) che in altri organi. Rispondere a questa domanda può essere difficile. Gli esami ormonali possono essere utili, poiché i tumori dell'ipofisi che producono ACTH reagiscono agli ormoni del sistema ipotalamo-ipofisi-surrene (ad esempio alla stimolazione da parte del CRH o all'inibizione da parte del desametasone ad alte dosi), mentre i tumori provenienti da organi che normalmente non secernono ACTH non lo fanno. Per l'esame dell'ipofisi, è necessaria la RM, ma trovare tumori ectopici in altri organi è difficile e richiede diverse tecniche di imaging. Poiché i tumori che secernono ACTH sono per lo più di origine neuroendocrina (Capitolo 9), l'imaging mirato alla rilevazione di recettori della somatostatina che sono caratteristici

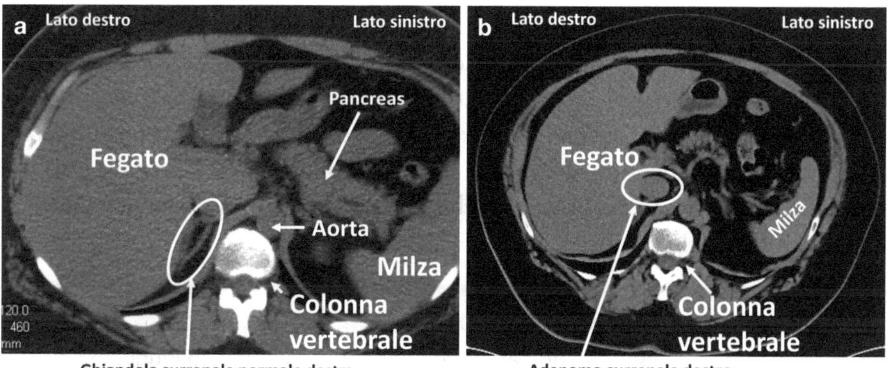

Ghiandola surrenale normale destra   Adenoma surrenale destro

Fig. 5.6 Immagine TC in sezione trasversale di una normale ghiandola surrenale destra (a) e di un adenoma surrenale destro (b). La normale ghiandola surrenale è sottile come mostrato nel pannello A

di questi tumori può essere utile. Per la differenziazione dell'origine ipofisaria o ectopica dell' ACTH, il migliore esame è uno speciale esame invasivo è in cui il sangue viene prelevato direttamente dalle vene che ricevono il sangue dall'ipofisi (cateterizzazione dei seni petrosi inferiori).

La sovrapproduzione di cortisolo può essere così lieve da non portare alla sindrome di Cushing?

Sì, ed è particolarmente frequente con i tumori surrenali che producono piccole quantità di cortisolo. Questa entità era precedentemente chiamata **sindrome di Cushing subclinica**, ma oggi si preferisce il termine **sovrapproduzione autonoma di cortisolo**. L'ACTH è spesso diminuito, e il cortisolo mattutino non è soppresso dopo il test del desametasone a basso dosaggio. I segni tipici della sindrome di Cushing possono essere assenti; tuttavia, la sovrapproduzione autonoma di cortisolo può essere correlata ad alta pressione sanguigna, diabete e osteoporosi. Non è ancora deciso se tali tumori surrenali che producono piccole quantità di cortisolo dovrebbero essere rimossi chirurgicamente o meno.

Quali sono le forme più gravi della sindrome di Cushing?

Le forme più gravi della sindrome di Cushing non sono di solito causate da adenomi ipofisari, ma piuttosto dalla sindrome ectopica dell'ACTH legata a tumori di altri organi o al cancro surrenale. Questi possono portare a stati di malattia rapidamente progressivi e gravi dove i segni esterni tipici della sindrome di Cushing come obesità, faccia a luna piena o gobba di bufalo sono mancanti poiché non c'è abbastanza tempo perché appaiano. D'altra parte, possono verificarsi diabete grave e pressione sanguigna elevata, debolezza muscolare e bassi livelli di potassio nel sangue.

Come dovrebbe essere trattata la sindrome di Cushing?

Una cura definitiva può essere ottenuta solo con la rimozione del tumore che sta producendo ACTH o cortisolo. Gli adenomi ipofisari vengono rimossi più frequentemente attraverso il naso (Fig. 2.6), mentre i tumori surrenali vengono per lo più operati con la laparoscopia (Box 5.4). Le tecniche chirurgiche per operare su tumori che producono ACTH al di fuori dell'ipofisi dipendono dalla loro posizione. I tumori situati nei polmoni richiedono un intervento chirurgico toracico.

Box 5.4

Laparoscopia/operazione laparoscopica: Una tecnica chirurgica moderna in cui l'operazione viene eseguita non aprendo l'addome con un taglio lungo, ma eseguita con l'ausilio di video utilizzando strumenti introdotti attraverso piccoli fori di incisione (chiamati port). Le operazioni laparoscopiche richiedono più tempo, ma la procedura è molto meglio tollerata e i pazienti possono lasciare l'ospedale prima di quanto farebbero dopo un'operazione convenzionale.

La sindrome di Cushing è di solito definitivamente curata con la rimozione di un tumore surrenale benigno che produce cortisolo. Sfortunatamente, è più comune vedere che un adenoma ipofisario che produce ACTH si sviluppi nuovamente dopo l'operazione, richiedendo un lungo trattamento, spesso per anni. In tali casi, possono essere utilizzati farmaci per inibire la produzione di cortisolo da parte delle surreni (come ketoconazolo, metyrapone e osilodrostat) o analoghi della somatostatina che inibiscono la secrezione di ACTH ipofisario. Può anche essere eseguita l'irradiazione dell'ipofisi.

Come soluzione finale, se tutti questi trattamenti non hanno successo, può essere eseguita la rimozione chirurgica di entrambe le surreni, poiché in tali casi l'ACTH non può avere alcun effetto, e senza le ghiandole surrenali la produzione di cortisolo cessa. I pazienti che subiscono la rimozione di entrambe le surreni avranno bisogno di una sostituzione ormonale a vita, ma la sindrome di Cushing sarà curata. Tuttavia, il tumore ipofisario che produce ACTH rimane in loco, e in alcuni rari casi, a causa della mancanza di grandi quantità di cortisolo e del feedback negativo, inizia a crescere in modo aggressivo e produce ancora maggiori quantità di ACTH. Alte concentrazioni di ACTH risultano in iperpigmentazione cutanea (vedi malattia di Addison in seguito, in Capitolo 5.2.5). Questo raro fenomeno è chiamato **sindrome di Nelson** che è una conseguenza del trattamento medico. La rimozione di entrambe le ghiandole surrenali può essere utilizzata anche nel trattamento della sindrome da ACTH ectopico, ma in tali casi non c'è pericolo della sindrome di Nelson, poiché il tumore ectopico produttore di ACTH è indipendente dal sistema ipotalamico-ipofisario e quindi non è regolato dal suo feedback negativo.

Cosa ci si può aspettare dopo un trattamento chirurgico di successo della sindrome di Cushing?

Dopo un'operazione di successo, la sovrapproduzione di cortisolo cessa, e il paziente avrà una transitoria insufficienza surrenalica (carenza di cortisolo) che si caratterizza per grave debolezza, nausea e vertigini. La durata di questo periodo transitorio è molto variabile, e il paziente ha bisogno nel frattempo di una sostituzione di cortisolo (idrocortisone). Se la sindrome di Cushing è causata da un tumore corticosurrenalico su un lato, la ghiandola surrenale sana sull'altro lato inizia a deperire (termine medico: atrofia). La corteccia surrenale ha bisogno di ACTH per il suo funzionamento, ma siccome l'ACTH è soppresso dai livelli elevati di cortisolo dovuti al tumore produttore di cortisolo sull'altro lato, la ghiandola surrenale sana non è pienamente funzionale. Pertanto, nei casi di sindrome di Cushing correlati a tumori surrenali, i pazienti richiedono la somministrazione di idrocortisone per diverse settimane o mesi durante il recupero della ghiandola surrenale sana, e questo può essere ridotto gradualmente in base al quadro clinico.

La maggior parte delle conseguenze della sindrome di Cushing scompare dopo un'operazione di successo. La distribuzione normale del grasso viene ripristinata, l'alta pressione sanguigna viene migliorata o guarita, insieme al diabete e all'osteoporosi. Tuttavia l'alta pressione sanguigna di lunga durata non è sicuro che possa essere completamente guarita, a causa dei cambiamenti nei vasi, ma la dose di farmaci può essere ridotta. Alcune alterazioni correlate alla sindrome di Cushing, come cambiamenti psichiatrici e mentali possono essere ancora rilevati diversi anni dopo l'operazione.

5.2.3   Sindrome di Cushing indotta da farmaci

La sindrome di Cushing può svilupparsi a causa de trattamento medico, e a volte è piuttosto grave. I glucocorticoidi sintetici (ad es. prednisolone, metilprednisolone, triamcinolone, dexametasone) che sono più potenti del cortisolo sono utilizzati per l'inibizione dei processi immunologici in diverse malattie. La somministrazione di queste sostanze per lunghi periodi a dosaggi elevati può portare alla sindrome di Cushing (Box 5.5). Possono verificarsi gravi osteoporosi, diabete e alta pressione sanguigna, ed è comune anche l'assottigliamento e la vulnerabilità della pelle.

> **Box 5.5**
>
> **Consigli sull'assunzione di farmaci:** Insieme all'assunzione di glucocorticoidi, si propongono anche farmaci per proteggere la mucosa dello stomaco (principalmente inibitori della pompa protonica, ad es. pantoprazolo), ed è anche consigliato assumere potassio. Quest'ultimo è necessario in quanto alte dosi di glucocorticoidi possono ridurre i livelli di potassio nel sangue e quindi portare a crampi muscolari. È importante somministrare adeguate quantità di vitamina D per la protezione delle ossa.

Il trattamento con glucocorticoidi può essere interrotto improvvisamente?
I trattamenti con glucocorticoidi di durata superiore a 3 settimane sopprimono l'ACTH ipofisario e anche la produzione di cortisolo surrenalico, quindi un'interruzione improvvisa della somministrazione di glucocorticoidi può risultare in una carenza ormonale. Sulla base di ciò, i trattamenti con glucocorticoidi più lunghi di 3 settimane devono essere gradualmente ridotti (scalati) con dosi giornaliere di glucocorticoidi sempre più basse, per garantire la riattivazione del sistema ipotalamico-ipofisario-surrenalico.

5.2.4   Sovraproduzione primaria di aldosterone (aldosteronismo)

Questa è una malattia molto più frequente della sindrome di Cushing, poiché è responsabile del 5–10% di tutti i casi di ipertensione. La sovrapproduzione di aldosterone porta a **alta pressione sanguigna (ipertensione)** (Box 5.6) che può essere accompagnata da un **basso livello di potassio** nel sangue. La pressione sanguigna è difficile da controllare, sono necessari diversi farmaci in combinazione, e il danno agli organi correlato all'ipertensione (cuore, rene, vasi) è più grave di quanto potrebbe essere spiegato dalla sola alta pressione sanguigna.

Box 5.6

Pressione sanguigna è rappresentata da due valori. Il primo è il cosiddetto valore sistolico che mostra la pressione sanguigna corrispondente alla contrazione del ventricolo sinistro del cuore, mentre il secondo, valore diastolico, mostra la pressione sanguigna al suo rilassamento ed è anche indicativo della resistenza dei vasi. Secondo le attuali linee guida europee, la pressione sanguigna normale è inferiore a 130/85 mmHg (millimetri di mercurio). Si definisce pressione sanguigna normale alta quella tra 130–139 mmHg di sistolica e 85–89 mmHg di diastolica, mentre l'alta pressione sanguigna (ipertensione) è diagnosticata oltre 140/90. Al contrario, la linea guida dell'American Heart Association definisce l'ipertensione già sopra 130/80 mmHg. Si definisce ipertensione grave una pressione sanguigna oltre 180 mmHg di sistolica o 120 mmHg di diastolica.

Circa l,85–90% di tutti i casi di ipertensione appartengono alla categoria dell'ipertensione primaria che non ha una causa specifica il cui trattamento porterebbe alla scomparsa della malattia. L'ipertensione primaria può solo essere trattata, non curata. Nel 10–15% dei casi, tuttavia, si trova un'ipertensione secondaria che è causata da un'altra malattia (ad es. aldosteronismo primario, sindrome di Cushing) o feocromocitoma (Capitolo 5.3) dove l'ipertensione può essere curata con un trattamento di successo della malattia sottostante. L'aldosteronismo primario è la causa più frequente di ipertensione secondaria.

L'ipertensione non trattata porta a danni a lungo termine in diversi organi compresi i vasi, il cuore, il rene e il cervello, e rappresenta un fattore di rischio maggiore per le malattie cardiovascolari.

Qual è la causa dell'aldosteronismo primario?

La malattia è causata dall'adenoma benigno di una corteccia surrenalica, o più frequentemente dall'ispessimento (iperplasia) di entrambe le cortecce surrenali (Box 5.7). L'adenoma monolaterale è solitamente responsabile dei casi più gravi che sono associati a bassi livelli di potassio nel sangue. La carenza di potassio può essere così grave che il paziente può richiedere 20 grammi di potassio extra al giorno. (Le capsule o le pillole di potassio di solito contengono 600 mg–1 g di potassio per capsula o pillola). L'aldosteronismo primario causato da un adenoma monolaterale è chiamato **sindrome di Conn** da Jerome Conn che è stato il primo a descriverlo. Il cancro adrenocorticale produce molto raramente aldosterone, e ci sono anche forme ereditarie della malattia.

> **Box 5.7**
>
> L'iperplasia significa un aumento del numero di cellule in un tessuto e non corrisponde ancora a un tumore. Tuttavia, in alcuni casi, può precedere la formazione del tumore e diventare uno di essi (ad esempio nel grosso intestino).

Perché è importante riconoscere l'aldosteronismo primario?

È importante riconoscerlo, perché rappresenta una forma curabile di ipertensione, mentre l'ipertensione primaria può solo essere trattata e non curata.

Quando dovrebbe avvenire il test per l'aldosteronismo primario?

In tutti i casi, quando la probabilità della malattia è alta. Pertanto, in tutti i casi di ipertensione in soggetti giovani (sotto i 40 anni), in casi con bassi livelli di potassio, e in forme di ipertensione dove anche con la combinazione di diversi farmaci è difficile raggiungere una pressione sanguigna normale.

Come può essere stabilita la diagnosi di aldosteronismo primario?

Lo screening per l'aldosteronismo primario viene effettuato misurando il rapporto tra aldosterone e la proteina renina che regola l'aldosterone nel sangue, ma di solito è necessario un ulteriore test di conferma. Il test più utilizzato è quello del carico di sale dove la somministrazione di sodio cloruro normalmente causa la soppressione della produzione di aldosterone, mentre nel caso di produzione autonoma di aldosterone da parte del surrene, questo non accade. È importante ricordare che diversi farmaci utilizzati per trattare l'alta pressione sanguigna disturbano queste misurazioni ormonali, e quindi la loro interruzione per certi periodi e la modifica del trattamento farmacologico è necessaria per la corretta interpretazione dei risultati ormonali.

Come si tratta l'aldosteronismo primario?

Il trattamento dipende dalla causa della malattia. L'aldosteronismo primario causato da un adenoma monolaterale dovrebbe essere trattato con la rimozione chirurgica (laparoscopica) del tumore, mentre nei casi che interessano entrambi i lati, è giustificato un trattamento farmacologico. I farmaci utilizzati inibiscono l'azione dell' aldosterone (antagonisti dell'aldosterone). Lo **Spironolattone** è il farmaco più spesso impiegato ed è molto efficiente, ma si lega non solo al recettore dell'aldosterone, ma anche al recettore dell'ormone androgeno principale, il testosterone. A causa di ciò, la somministrazione a lungo termine di spironolattone può provocare l'ingrossamento delle mammelle (ginecomastia) e impotenza negli uomini. C'è un altro farmaco disponibile che non è così efficiente nell'inibire l'azione dell'aldosterone ma manca dell'attività contro-testosterone (**eplerenone**). È vantaggioso ridurre l'assunzione di sale (cloruro di sodio).

Come si possono distinguere l'adenoma monolaterale e l'iperplasia bilaterale (su entrambi i lati)?

Questo non è un compito facile, ma molto importante, poiché il trattamento di queste forme è completamente diverso. L'imaging con TC o RM può aiutare, ma il metodo più affidabile per distinguere questi tipi di malattia è considerato essere il prelievo diretto di sangue dalle vene provenienti dalle surreni. Le concentrazioni di aldosterone determinate nel sangue prelevato dalle vene surrenali possono essere molto utili per differenziare le forme monolaterali e bilaterali. Si misura non solo l'aldosterone, ma anche il cortisolo, poiché quest'ultimo può aiutare a confermare che la vena surrenale è stata trovata con successo. I rapporti aldosterone/cortisolo sono utilizzati per localizzare la malattia. Sfortunatamente, questo metodo è invasivo e necessita della puntura di una grande vena e dell'introduzione di un tubo (catetere) il che richiede una competenza speciale che è disponibile solo in centri specializzati.

Come viene eseguito il prelievo selettivo di sangue dalle vene surrenali?

Dopo l'anestesia locale, la grande vena della coscia viene perforata e viene introdotto un tubo sterile (catetere), che viene spostato a livello delle vene surrenali. Iniettando materiale di contrasto, i vasi possono essere visualizzati sotto raggi X e il sangue può essere prelevato direttamente dalle vene surrenali. Il paziente dovrebbe rimanere sdraiato per alcune ore dopo l' intervento.

Cos'è l'aldosteronismo secondario?

L'aldosteronismo secondario si verifica se un aumento del rilascio di renina è responsabile della sovrapproduzione di aldosterone, che quindi non è causata della secrezione autonoma di aldosterone dalle surreni. La renina è prodotta dal rene e qualsiasi circostanza che causi una riduzione del flusso sanguigno attraverso il rene induce la produzione di renina. Ad esempio, il restringimento (stenosi) delle arterie renali porta a una pressione sanguigna notevolmente elevata attraverso l'elevazione della renina e la conseguente sovrapproduzione di aldosterone. È interessante notare che anche un basso apporto di sale (cloruro di sodio) induce alti livelli di aldosterone e renina, ma senza alta pressione sanguigna (Box 5.8).

Box 5.8

Un punto di interesse: livelli di aldosterone e assunzione di sale nei nativi sudamericani
Nel popolo indiano Yanomami che vive nelle giungle tropicali del Sud America in Brasile e Venezuela, sono stati misurati livelli di renina e aldosterone molto più alti rispetto alle persone moderne "civilizzate". L'assunzione molto bassa di sale (sodio) da parte degli indiani nativi può essere responsabile di questo fenomeno. L'assunzione media di sodio americano è più di cento volte superiore

alla quantità ingerita dagli Yanomami, mentre i nativi assumono molto più potassio grazie al notevole consumo di frutta. È probabile che nel corso della storia umana, l'assunzione di sodio fosse bassa e i livelli di aldosterone/renina fossero simili a quelli del popolo Yanomami. In tempi recenti, l'assunzione di sale è notevolmente aumentata, e di conseguenza i livelli di aldosterone e renina sono diminuiti. Nonostante i livelli elevati di aldosterone e renina, l'ipertensione e le malattie cardiache e vascolari sono quasi sconosciute tra gli Yanomami. D'altra parte, se gli Yanomami si trasferiscono in ambienti urbani e assumono molto sale, queste malattie compaiono anche tra di loro.

L'assunzione di sale è uno dei principali fattori di rischio dell'ipertensione e ridurre l'assunzione di sale è importante nel trattamento dell'ipertensione. L'assunzione giornaliera di sale è di circa 3–4 grammi nel mondo sviluppato, mentre se ne propone molto meno. Le linee guida alimentari americane raccomandano un'assunzione giornaliera di sale inferiore a 2,3 grammi, mentre l'American Heart Association meno di 1,5 grammi al giorno.

5.2.5   Insufficienza surrenalica primaria (malattia di Addison)

La distruzione della corteccia surrenale porta alla carenza di tutti gli ormoni surrenalici, ma tra questi solo la mancanza di cortisolo e aldosterone causa sintomi importanti. L'insufficienza surrenalica primaria significa che è la malattia del surrene stesso ad essere responsabile della malattia. L'insufficienza surrenalica primaria è altrimenti chiamata malattia di Addison. Nella malattia di Addison, la produzione di ACTH è notevolmente aumentata, poiché la ipofisi percepisce la mancanza di cortisolo e quindi il venir meno del feedback negativo. Se la produzione di ACTH è ridotta o assente a causa di una malattia dell'ipofisi (Capitolo 2.5) e questo porta a bassi livelli di cortisolo, si osserva l'insufficienza surrenalica secondaria (Fig. 5.7). Nell'insufficienza surrenalica secondaria, non si osserva la carenza di aldosterone, poiché l'ACTH non è fondamentale nella regolazione dell'aldosterone. La malattia di Addison non è frequente. Uno dei pazienti più noti affetti dalla malattia di Addison era il defunto presidente degli Stati Uniti, John F. Kennedy.

Quali sono i sintomi della malattia di Addison?
La malattia di Addison è caratterizzata da intensa debolezza, nausea, vertigini e bassa pressione sanguigna. La bassa pressione sanguigna è particolarmente tipica quando il paziente si alza improvvisamente. Può verificarsi un desiderio di sale. A causa degli alti livelli di ACTH caratteristici della malattia di Addison, la pelle può essere marrone a causa dell'iperpigmentazione, poiché negli esseri umani l'ACTH stimola le cellule del pigmento cutaneo (melanociti). La pigmentazione può essere vista principalmente in aree esposte a pressione cronica o attrito, sulle palme e anche su mucose come gengive e labbra (Fig. 5.8).

I livelli di potassio sono solitamente alti nel sangue, mentre il sodio è basso.

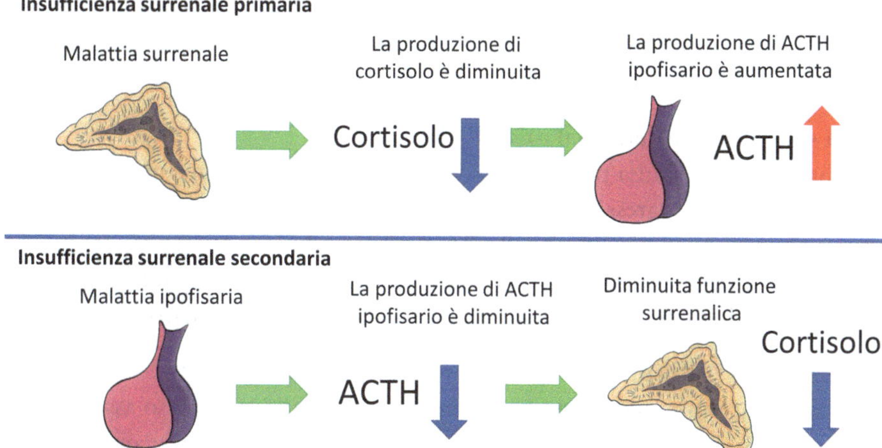

Fig. 5.7   Differenze tra insufficienza surrenale primaria e secondaria. Nell'insufficienza surrenale primaria, la malattia surrenale provoca la mancanza di cortisolo, interrompendo così il feedback negativo sulla produzione di ACTH ipofisario , portando ad un aumento di ACTH e quindi iperpigmentazione. Nell'insufficienza surrenale secondaria, si osserva una carenza di ACTH a causa della malattia ipofisaria

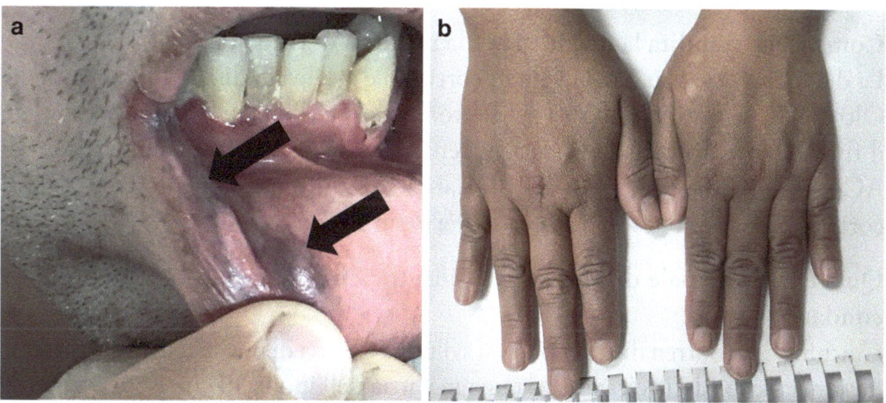

Fig. 5.8   Tipica colorazione della mucosa e della cute nella malattia di Addison. Il pannello sinistro (**a**) mostra una tipica pigmentazione marrone sulla superficie interna del labbro e della bocca, mentre sul pannello destro (**b**), si può vedere la pigmentazione marrone delle mani

Quali sono i segni di insufficienza surrenalica acuta (crisi surrenalica)?

L'insufficienza surrenalica acuta (anche chiamata crisi surrenalica) può verificarsi a causa di livelli ormonali inadeguati. Oltre ai sintomi sopra descritti, è caratterizzata da grave disidratazione, bassa pressione sanguigna, dolore addominale e febbre. Una crisi surrenalica può manifestarsi come il segno iniziale della malattia di Addison (ad esempio a causa del raro sanguinamento delle ghiandole surrenali). È più comune, tuttavia, osservare la crisi surrenalica in pazienti con malattia di Addison cronica a causa di infezione o incidente (o altre situazioni acute). (La differenza tra acuto e cronico è spiegata in Capitolo 4, Box 4.4).

Quali sono le cause della malattia di Addison?

In tempi recenti, la causa più comune della malattia di Addison è una infiammazione lentamente progressiva della corteccia surrenale di origine autoimmune che porta alla sua distruzione. Prima della 2ª Guerra Mondiale, la causa più comune era la tubercolosi, oggi rara. Anche un raro sanguinamento della ghiandola surrenale, e il deposito di alcuni prodotti metabolici possono provocare la malattia di Addison.

La malattia di Addison può essere associata ad altre malattie?

Il processo autoimmune che porta alla malattia di Addison è spesso associato ad altri fenomeni autoimmuni in altri organi, compresi quelli che producono ormoni. Tra questi, l'infiammazione autoimmune della tiroide e la conseguente tiroide ipofunzionante (ipotiroidismo) è la più frequente (tiroidite di Hashimoto) (Capitolo 3.3), ma può verificarsi anche un ipertiroidismo autoimmune (malattia di Graves) (Capitolo 3.2). Anche il diabete mellito di tipo 1 (carente di insulina) potrebbe essere associato così come diverse altre malattie. E' frequente la vitiligine, uno sbiancamento a chiazze della pelle dovuto alla perdita autoimmune di pigmento (Fig. 5.9).

Come viene stabilita la diagnosi per la malattia di Addison?

La diagnosi si basa su bassi livelli di cortisolo e alti livelli di ACTH nel sangue. Oltre a ciò, la renina è alta e l'aldosterone è basso. È anche possibile stimolare il funzionamento della corteccia surrenale tramite l' iniezione endovenosa di ACTH sintetico, e nel caso della malattia di Addison, l'aumento dei livelli di cortisolo rimane al di sotto di una soglia definita.

Qual è la principale differenza tra l'insufficienza surrenalica primaria e secondaria?

L'insufficienza surrenalica primaria si sviluppa a causa di una malattia del surrene, mentre la secondaria è causata da una malattia dell'ipofisi. Il cortisolo è basso in entrambi, ma nel caso di un'insufficienza surrenalica primaria, il livello di ACTH è alto, mentre nella secondaria l'ACTH è basso (Fig. 5.7). Nell'insufficienza surrenalica primaria (malattia di Addison) mancano sia il cortisolo che l'aldosterone, ma nell'insufficienza surrenalica secondaria (carenza di ACTH) l'aldosterone è presente, poiché l'ACTH non è necessario per la sua produzione. A causa della produzione di aldosterone conservata, alti livelli di potassio nel sangue non sono caratteristici dell'insufficienza surrenalica secondaria.

Come viene trattata la malattia di Addison?

È necessaria la sostituzione degli ormoni mancanti, cioè il cortisolo e l'aldosterone. L'idrocortisone è il farmaco più spesso utilizzato per sostituire il cortisolo in una dose giornaliera di 15–20 mg. L'idrocortisone è in realtà cortisolo. Per

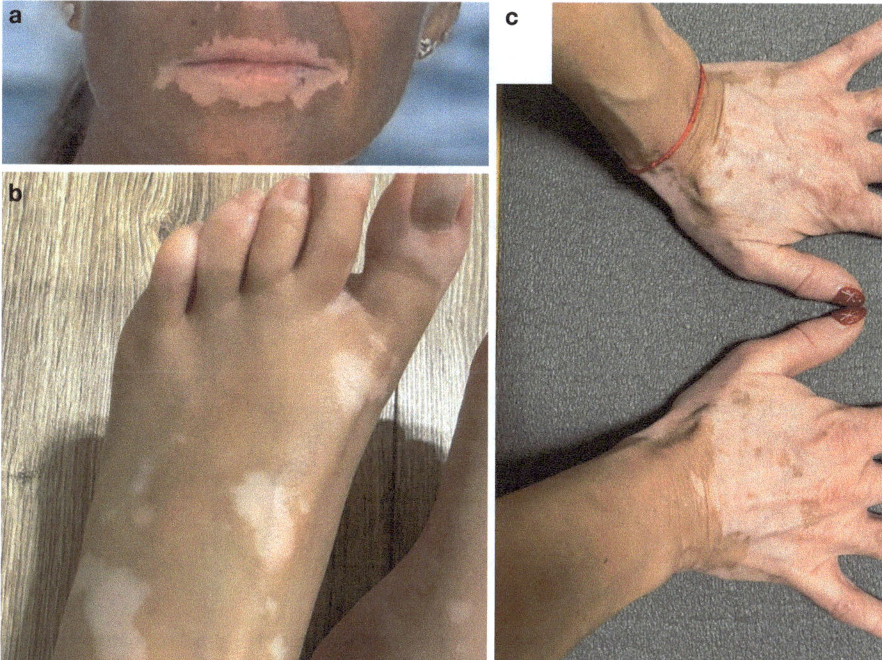

Fig. 5.9   La malattia di Addison è spesso associata a perdita di pigmento, vitiligine. **a** vitiligine intorno alla bocca e sotto il naso su una cute iperpigmentata, **b** macchie di vitiligine sul piede, **c**: grande area di vitiligine sulla mano

sostituire l'aldosterone, di solito viene somministrato fludrocortisone con una dose giornaliera di 0.05–0.1 mg. Questi farmaci vengono somministrati sotto forma di pillole (Box 5.9). Questa sostituzione farmacologica è molto efficace. L'iperpigmentazione della pelle può essere completamente invertita da una sostituzione appropriata di idrocortisone (Fig. 5.10).

Box 5.9

Consigli sull'assunzione di farmaci:
Le pillole di idrocortisone dovrebbero essere prese durante i pasti, mentre il fludrocortisone è preferibilmente assunto dopo i pasti con piccole quantità di liquido.

Box 5.10

Importante! Sia nell'insufficienza corticosurrenale primaria che secondaria, l'aumento del dosaggio di idrocortisone è obbligatorio se si osservano debolezza, nausea, vertigini o febbre, poiché questi sintomi possono essere segni di una crisi surrenalica acuta. L'aumento dell'idrocortisone può salvare la vita! Come

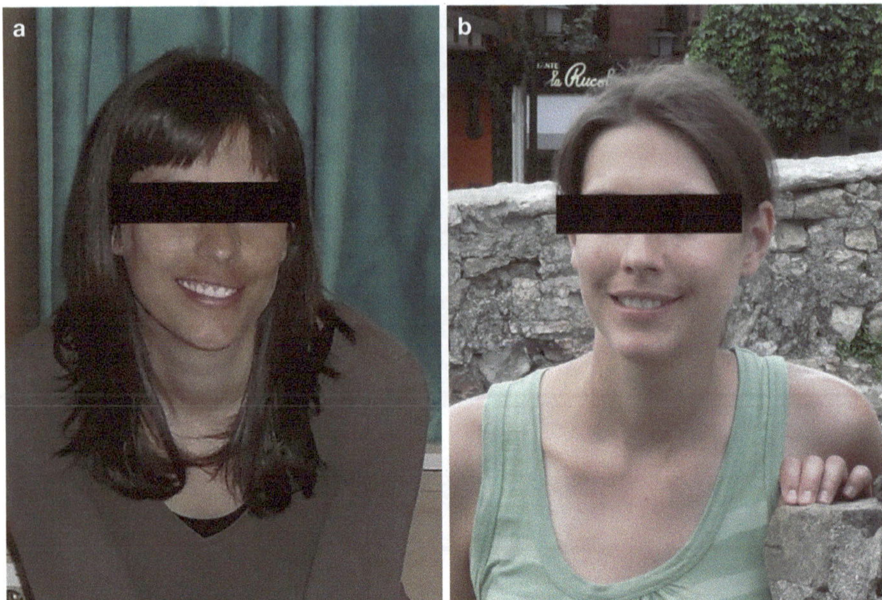

Fig. 5.10 **a** Una paziente con Addison al momento della diagnosi, e **b** 6 mesi dopo l'inizio della sostituzione con idrocortisone. Notare la scomparsa dell'iperpigmentazione diffusa a seguito di una terapia di successo. La figura è stata originariamente pubblicata in "Practical Clinical Endocrinology", Ed: Peter Igaz, Springer, 2021 – riprodotta con permesso

primo approccio, la dose di idrocortisone in pillole dovrebbe essere raddoppiata o triplicata. Se il paziente non può assumere le compresse, è necessaria la somministrazione in infusione che può richiedere il ricovero in ospedale. I pazienti affetti da insufficienza corticosurrenale dovrebbero essere forniti di una tessera di emergenza che indica il loro trattamento con idrocortisone (Fig. 2.15). I pazienti possono anche essere istruiti per auto-iniettarsi l'idrocortisone nel muscolo.

Per seguire il ritmo giornaliero del cortisolo, la dose maggiore di idrocortisone viene somministrata al mattino. In alcuni casi, vengono somministrati glucocorticoidi sintetici con azione più duratura (ad esempio prednisolone, desametasone) per prevenire il malessere mattutino, le vertigini e la nausea che possono verificarsi a causa della durata d'azione più breve dell'idrocortisone. La dose di idrocortisone dovrebbe essere aumentata durante una malattia (Box 5.10).

E per quanto riguarda le operazioni chirurgiche?

La dose di idrocortisone dovrebbe essere aumentata a seconda del tipo di intervento chirurgico. Nel caso di operazioni addominali complicate o neurochirurgiche, potrebbe essere necessaria un'alta dose di idrocortisone, ad esempio 50–100 mg 4 volte al giorno, somministrata in infusione. Con dosi così alte di idrocortisone, il fludrocortisone non è necessario poiché l'idrocortisone (cortisolo) può legare il recettore dell'aldosterone.

Ci sono altri ormoni da sostituire nella malattia di Addison?

La sostituzione con cortisolo e aldosterone è di primaria e vitale importanza. In aggiunta, in donne fertili, può essere somministrato l'ormone androgeno della corteccia surrenale, DHEAS (deidroepiandrosterone-solfato) per aiutare il benessere generale e la libido. Può essere raccomandata una dose giornaliera di 50 mg. Negli uomini, tuttavia, la somministrazione di DHEAS non è utile, poiché il testosterone proveniente dai testicoli è molto più efficace e i testicoli non sono interessati nella malattia di Addison.

Come dovrebbe essere monitorata la dose del farmaco e con quale frequenza?

Possiamo controllare la sostituzione del glucocorticoide (idrocortisone) misurando l'ACTH, mentre i livelli di renina indicano la sufficienza del mineralcorticoide. In casi ben controllati, è sufficiente eseguire questi controlli una volta all'anno, mentre al momento dell'inizio della terapia di solito si controllano ogni 3 mesi. Dovrebbe essere sottolineato, tuttavia, che il benessere generale del paziente è la cosa più importante, poiché un lieve aumento di ACTH non giustifica un aumento della dose di idrocortisone (o di un altro glucocorticoide) se il paziente si sente bene.

Dovrebbe essere utilizzato il termine "affaticamento surrenalico"?

"Affaticamento surrenalico" è un termine non scientifico utilizzato da alcuni praticanti di medicina alternativa. Potrebbe indicare l'esaurimento del surrene. "Affaticamento surrenalico" non corrisponde alla definizione di insufficienza surrenalica sopra riportata e la sua esistenza e utilizzo non è accettato dalla endocrinologica clinica pratica. Un trattamento basato sull' "affaticamento surrenalico" non può essere proposto. Inoltre, sul web ci sono vari pasti, ricette e prodotti che sono consigliati per stimolare il funzionamento della corteccia surrenale, ma non esiste alcuna evidenza che supporti il loro uso. Se viene diagnosticata un'insufficienza surrenalica, solo i trattamenti farmacologici sopra citati possono essere raccomandati.

5.2.6   Iperplasia surrenalica congenita

L'iperplasia surrenalica congenita si sviluppa a causa di difetti degli enzimi produttori di ormoni steroidei della corteccia surrenale. Le mutazioni nei geni che codificano per questi enzimi sono responsabili di questi difetti (vedi Capitolo 1.2). Per la manifestazione della malattia, il paziente deve ereditare un gene difettoso da entrambi i genitori (ereditarietà autosomica recessiva), ma i genitori di solito non sono malati poiché nella coppia di geni ne hanno uno normale insieme a quello difettoso.

Il malfunzionamento dell'enzima è molto importante nello sviluppo dell'insufficienza surrenalica. A causa del funzionamento difettoso dell' enzima, la produzione di cortisolo è assente o ridotta e quindi aumenta la secrezione di ACTH dalla ghiandola pituitaria. L'elevato ACTH stimola la proliferazione delle cellule adrenocorticali, e quindi la corteccia surrenale si ingrandisce, e viene detta iperplastica (Box 5.7). L'ACTH cerca di stimolare la produzione di ormoni steroidei. Tuttavia, il cortisolo non può essere prodotto a causa del difetto dell'enzima, mentre i prodotti ormonali precedenti alla reazione chimica promossa dall'enzima difettoso sono sovrapprodotti. Una considerevole proporzione di queste molecole ha effetti androgeni che causano una crescita dei peli tipica dei maschili e altri segni di virilizzazione osservati nelle donne colpite (Box 5.11).

Box 5.11

Cos'è la **virilizzazione**? La virilizzazione è l'apparizione di caratteristiche maschili nelle donne, come la crescita della peluria secondo il modello maschile, la calvizie maschile, l'approfondimento della voce, un maggiore sviluppo muscolare.

La crescita della peluria secondo il modello maschile è chiamata **irsutismo** , che significa aumento della crescita dei peli sul viso, collo, petto, pancia, schiena e cosce (vedi Capitolo 6, Box 6.5 in dettaglio). La crescita dei peli in questezone della pelle richiede un effetto androgenico. Al contrario, la crescita dei peli sull'avambraccioe sulla parte inferiore delle gambe non dipende dagli androgeni, quindi non appartiene a questa categoria.

Di seguito, verrà discussa la forma più frequente di questa malattia, la carenza di 21-idrossilasi.

La forma più comune di iperplasia surrenalica congenita è la carenza di 21-idrossilasi

Questa malattia ha due classiche forme principali, che di solito causano già sintomi nell'infanzia. La più grave è la **forma con perdita di sale** nella quale mancano sia il cortisolo che l'aldosterone e quindi si osserva una condizione corrispondente alla malattia di Addison. Può portare a conseguenze fatali nei primi giorni dopo la nascita se rimane non riconosciuta e non trattata. L'altra forma è più lieve ed è chiamata **forma virilizzante semplice** che porta a un disturbo della differenziazione sessuale nelle ragazze.

Nei pazienti con carenza di 21-idrossilasi, è aumentata la produzione di steroidi surrenali con effetti androgenici, il che può risultare nel disturbo dello sviluppo dei genitali esterni nelle ragazze durante il periodo di sviluppo fetale. Determinare il sesso del neonato può essere difficile in alcuni casi (ad esempio a causa della fusione delle grandi labbra o l'ingrandimento del clitoride che assomiglia a un pene maschile). Alti livelli di androgeni possono causare problemi anche in seguito, come l'irsutismo e i problemi mestruali.

Oltre alle forme classiche, sono note anche **forme tardive, non classiche** di carenza di 21-idrossilasi che sono molto più frequenti di quelle classiche, e caratterizzate da irregolarità mestruali, irsutismo o infertilità nelle donne adulte.

Come si stabilisce una diagnosi di carenza di 21-idrossilasi?

E' essenziale la misurazione di una molecola steroidea chiamata **17-idrossiprogesterone** che precede (precursore) il cortisolo nella catena biosintetica. Il suo livello elevato al di sopra di una certa soglia può documentare la malattia anche attraverso un campione di sangue mattutino, altrimenti può essere diagnostico il suo livello dopo la stimolazione con ACTH. È anche utile la misura dell' ormone androgenico **androstenedione**. Anche l'analisi genetica può essere utile per stabilire la diagnosi.

Come dovrebbe essere trattata la carenza di 21-idrossilasi?

Nella forma con perdita di sale, è necessaria la sostituzione sia di cortisolo (idrocortisone) che di mineralocorticoide (fludrocortisone) come nel trattamento della malattia di Addison. Nelle forme semplicemente virilizzanti e nelle forme tardive non classiche, è necessario solo l'idrocortisone che può sopprimere efficacemente l'ACTH e quindi la produzione delle molecole steroidee con attività androgena. In alcuni casi, possono essere necessari anche glucocorticoidi a lunga durata d'azione (come il desametasone).

Per il follow-up della malattia, la misurazione dell'androstenedione è la migliore e il suo livello ematico può essere normalizzato con un trattamento appropriato. Il ciclo mestruale delle donne colpite può tornare alla regolarità, e la fertilità può essere ripristinata. Non è necessario portare il 17-idrossiprogesterone entro il range normale.

5.3   Malattie della midollare surrenale

La midollare surrenale è molto più piccola della corteccia ed è completamente diversa sia per la sua origine che per la sua funzione. La midollare surrenale è una parte del sistema neuroendocrino discusso nel Capitolo 9. Gli ormoni della midollare surrenale, gli ormoni adrenomedullari, appartengono al gruppo delle **catecolamine**, i cui due principali rappresentanti sono la **epinefrina** (altrimenti chiamata adrenalina) e la **norepinefrina** (noradrenalina). Questi ormoni insieme al cortisolo sono fondamentali nella reazione allo stress (Box 5.2), nella regolazione della pressione sanguigna (Box 5.6), della frequenza cardiaca e delle funzioni vascolari. Le catecolamine aumentano il livello di zucchero nel sangue. Le catecolamine non sono prodotte solo dalla midollare surrenale, ma anche in altre parti del sistema nervoso. Questo spiega l' osservazione che a differenza degli ormoni della corteccia surrenale, la sostituzione degli ormoni adrenomedullari non è necessaria dopo la rimozione di entrambe le surrenali. L'insufficienza adrenomedullare è sconosciuta. Esiste solo una singola malattia della midollare surrenale, cioè il suo tumore chiamato feocromocitoma.

Il tumore della midollare surrenale: feocromocitoma

Il feocromocitoma è un tumore raro che è una causa importante di grave ipertensione. Il tumore produce grandi quantità di epinefrina e norepinefrina che possono portare a significativi aumenti della pressione sanguigna o a pressione sanguigna costantemente elevata. In alcuni casi possono verificarsi estremi aumenti della pressione sanguigna (valori sistolici anche oltre 300 mmHg). Possono svilupparsi gravi, e perfino fatali complicazioni cardiovascolari come infarto miocardico (cuore), disturbi del ritmo cardiaco, ed eventi cerebrovascolari (ictus). In circa l,80% dei casi, il feocromocitoma origina dalla midollare surrenale, ma nel 20% al di fuori della surrenale, principalmente dai piccoli gangli nervosi che giacciono lungo l'arteria principale (aorta).

Quali sono i sintomi del feocromocitoma?

Sudorazione, mal di testa e palpitazioni (battito cardiaco forte) sono i più comuni. Questi sintomi sono per lo più dovuti ad altre malattie o condizioni (spesso attacchi di panico o menopausa) e non al feocromocitoma, ma nel caso di alta pressione sanguigna, le indagini per feocromocitoma sono giustificate. Si possono osservare anche aumento della glicemia, perdita di peso e cute pallida.

Quando dovrebbe essere sospettato il feocromocitoma?

Come l'aldosteronismo primario, il feocromocitoma dovrebbe essere sospettato in giovani pazienti con alta pressione sanguigna, o in caso di alta pressione sanguigna che è difficile da trattare con diversi farmaci.

Come viene stabilita la diagnosi di feocromocitoma?

La diagnosi si basa sulla misurazione delle catecolamine e dei loro prodotti di degradazione. Questi possono essere misurati sia nella urina raccolta in un periodo di 24 ore sia nel sangue. Per la raccolta delle urine (Capitolo 1, Box 1.11), è necessario un contenitore a pareti scure, con acido cloridrico messo nel contenitore prima di iniziare la raccolta, poiché le sostanze da determinare sono sensibili sia alla luce che alle reazioni chimiche (pH).

Nel feocromocitoma anche il marker tumorale generale per i tumori neuroendocrini, **cromogranina A**, può essere elevato.

Come si può trovare il feocromocitoma?

Per questo è necessaria l'imaging. I tumori nelle ghiandole surrenali possono essere trovati in modo affidabile tramite TC o RM, poiché hanno un aspetto caratteristico (Fig. 5.11). È disponibile anche l'imaging basato su isotopi, la scintigrafia. A questo scopo, viene utilizzata una sostanza simile alle catecolamine che viene assorbita dalle cellule del feocromocitoma (scintigrafia MIBG). Può anche essere utile la rilevazione dei recettori della somatostatina. Questi metodi basati su isotopi sono particolarmente utili per trovare feocromocitomi al di fuori delle ghiandole surrenali o potenziali metastasi tumorali.

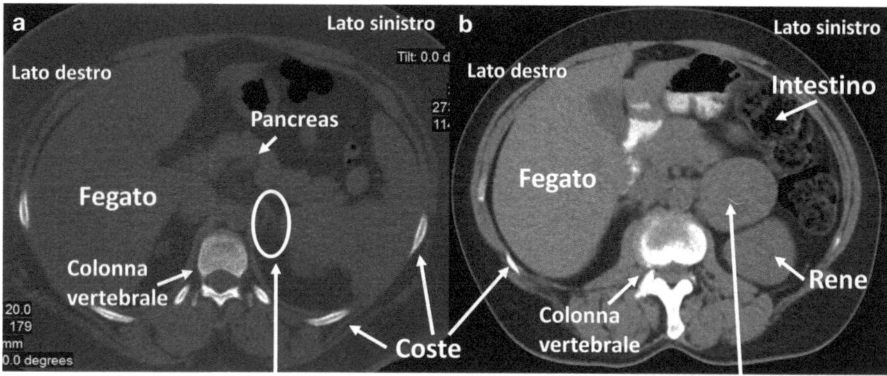

Ghiandola surrenale normale   Feocromocitoma sinistro

Fig. 5.11 **a** una normale ghiandola surrenale, sottile di forma triangolare, **b** immagine TC in sezione trasversale di un feocromocitoma sinistro

Il feocromocitoma è un tumore benigno o maligno?

Il feocromocitoma è per lo più (nell,80–90% dei casi) benigno, poiché non produce metastasi. Tuttavia, è importante sottolineare che questo comportamento benigno si riferisce solo al suo basso potenziale invasivo e metastatico. Le sue gravi complicanze cardiovascolari non possono essere considerate "benigne". I feocromocitomi che crescono al di fuori delle ghiandole surrenali sono più inclini alle metastasi. È piuttosto rimarchevole, tuttavia, che non sia possibile stabilire in modo affidabile il comportamento benigno o maligno del tumore rimosso tramite il suo esame istologico. Inoltre, le metastasi possono apparire anche molti anni dopo la rimozione del tumore.

Sulla base delle caratteristiche sopra menzionate, tutti i feocromocitomi dovrebbero essere considerati potenzialmente maligni e seguiti per molti anni (almeno 10) pur essendo consapevoli del fatto che solo una minoranza di essi dà metastasi.

Un feocromocitoma può essere ereditato?

Sì, e il feocromocitoma è eccezionale tra i tumori umani per avere la più alta possibilità di essere ereditato, anche fino al 40–50%. Questo significa che quattro o cinque su dieci feocromocitomi sono ereditari. Sono noti numerosi geni le cui mutazioni predispongono i pazienti al feocromocitoma, e ci sono anche diverse sindromi tumorali ereditarie in cui può verificarsi il feocromocitoma (Capitolo 10). L'esame genetico è giustificato se viene diagnosticato un feocromocitoma, e se viene dimostrata una mutazione, i membri della famiglia dovrebbero essere sottoposti a screening.

Come viene trattato il feocromocitoma?

La rimozione chirurgica è il trattamento di prima linea. La pressione sanguigna dovrebbe già essere ben controllata prima dell'intervento chirurgico e la somministrazione di antipertensivi alfa-bloccanti rappresenta il pilastro del trattamento.

Durante l'intervento chirurgico, la pressione sanguigna può fluttuare, quindi è necessario un adeguato monitoraggio. L'intervento chirurgico dovrebbe preferibilmente essere eseguito in centri con adeguata competenza.

5.4   Altri tumori nelle ghiandole surrenali

I tumori surrenalici sono comuni e diventano ancora più frequenti con l'avanzare dell'età. Possono essere trovati nel 5–7% delle persone anziane. La maggior parte di questi sono tumori corticosurrenali benigni che non secernono ormoni.

Cos'è un incidentaloma?

L'incidentaloma è un tumore surrenalico che viene scoperto accidentalmente tramite imaging (principalmente TC o RM, e in rari casi ecografia addominale) che era stata programmata per il sospetto di una malattia al di fuori delle ghiandole surrenali. Ad esempio, un tumore surrenalico viene trovato durante una TC che è stata eseguita per sospetta malattia della cistifellea o del rene. L'incidentaloma può anche verificarsi nell'ipofisi, e anche qui è definito come un tumore scoperto da un imaging eseguito per il sospetto di una malattia non correlata all'ipofisi.

Cosa si dovrebbe fare se viene trovato un incidentaloma?

Ci sono due compiti principali da eseguire: i. determinare se c'è una sovrapproduzione di ormoni, ii. è un tumore benigno o maligno? Per esaminare la produzione di ormoni, è necessario eseguire test per il feocromocitoma, l'aldosteronismo primario e la sindrome di Cushing. I segni morfologici su TC o RM sono i più rilevanti per determinare il potenziale comportamento benigno o maligno del tumore. Nei casi non ambigui, può essere utile il follow-up del tumore, cioè l'imaging ripetuto dopo 3–6 mesi, poiché la crescita o il cambiamento morfologico del tumore possono rappresentare segni di malignità. I tumori sospetti per malignità dovrebbero essere rimossi.

Ci sono tumori surrenalici che non dovrebbero essere presi in considerazione dopo la diagnosi?

Secondo le linee guida mediche più recenti, i tumori senza attività ormonale che mostrano chiari segni di imaging di comportamento benigno e sono inferiori a 4 cm di diametro non necessitano di ulteriori controlli. Non è sempre obbligatorio rimuovere i tumori più grandi di chiara morfologia benigna, sebbene il loro follow-up possa anche essere preso in considerazione.

Quali sono le caratteristiche del cancro corticosurrenale?

Il cancro corticosurrenale è un tumore raro, poiché sono attesi 1 o 2 nuovi casi all'anno in una popolazione di un milione di persone. Questo tumore può essere curato solo con la rimozione chirurgica, ma purtroppo per lo più è diagnosticato in pazienti con molteplici metastasi. La prognosi dei tumori metastatici è scarsa, e questi possono essere trattati solo con chemioterapia. Per il trattamento delle forme produttrici di cortisolo che causano una grave sindrome di Cushing, può essere somministrato il farmaco **mitotane**. Il mitotane è l'unico farmaco riconosciuto specifico per la corteccia surrenalica, ma ha diversi effetti collaterali (ad esempio quelli legati all'intestino come nausea e vomito, e quelli correlati al sistemanervoso, come vertigini, intorpidimento ecc.) e quindi i suoi livelli ematici dovrebbero essere controllati regolarmente. L'assorbimento del mitotane è facilitato dal cibo grasso, quindi si consiglia di assumerlo durante i pasti.

6

Malattie delle ghiandole riproduttive (gonadi)

6.1 Regolazione ormonale della funzione riproduttiva

Gli ormoni sessuali sono prodotti dai testicoli negli uomini (Fig. 6.1), e dalle ovaie nelle donne (Fig. 6.2), ma anche la corteccia surrenale produce ormoni che influenzano la funzione riproduttiva. L'ormone principale del testicolo è il testosterone, l'ormone androgeno più efficace nello stimolare la funzione riproduttiva maschile (Box 6.1). Le ovaie producono due principali gruppi di ormoni, gli estrogeni (l'ormone principale è l'estradiolo) e il progesterone. Per quanto riguarda lo sviluppo sessuale femminile, l'estradiolo è più importante,

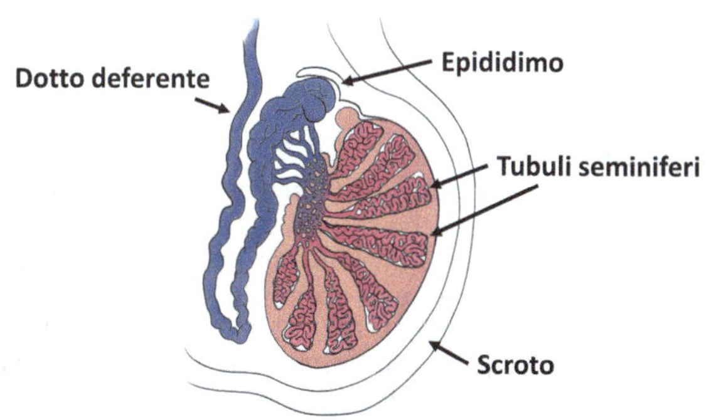

Fig. 6.1 Struttura schematica del testicolo. Le cellule spermatiche vengono prodotte in canali (chiamati tubuli seminiferi), mentre il testosterone è prodotto dalle cellule di Leydig situate tra loro. L'epididimo è importante nella maturazione e conservazione delle cellule spermatiche. Il dotto deferente (dotto spermatico o ductus deferens) è il tubo attraverso il quale lo sperma lascia i testicoli

© The Author(s), under exclusive license to Springer Nature Switzerland AG 2026
P. Igaz, *Malattie ormonali*, https://doi.org/10.1007/978-3-032-16514-5_6

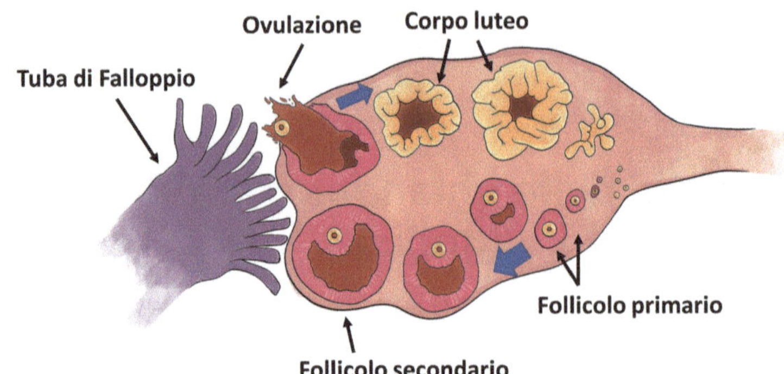

Fig. 6.2 Struttura dell'ovaio. Gli ovuli si trovano nei follicoli. Le cellule della granulosa che circondano l'ovulo nel follicolo producono vari ormoni tra cui gli estrogeni. Dopo la pubertà, i follicoli entrano in un processo di maturazione ciclica, compreso il rilascio dell'ovulo maturo nella tuba di Falloppio (ovulazione). Il follicolo si trasforma quindi in un corpo luteo che produce progesterone

mentre il progesterone è fondamentale per il ciclo mestruale femminile. L'argomento del sesso e delle caratteristiche sessuali sono presentate in Box 6.2 e 6.3, rispettivamente.

Box 6.1

Ormoni androgeni sono un gruppo di ormoni che regolano/stimolano lo sviluppo delle caratteristiche sessuali maschili e la funzione riproduttiva maschile. Sia i testicoli che la corteccia surrenale producono ormoni con effetti androgenici, ma il **testosterone prodotto dal testicolo è il più efficiente.**

Box 6.2

La questione del sesso e del genere
Ci sono diversi livelli di determinazione del sesso. Il primo livello è il cosiddetto **sesso cromosomico (o genetico)** che si basa sulla composizione cromosomica (cariotipo) dell'individuo. Le femmine sono caratterizzate da due cromosomi X (indicati come 46,XX), mentre negli uomini si trovano un cromosoma X e un cromosoma Y (46,XY). (Capitolo 1, Fig. 1.5). Il secondo livello è il sesso determinato dalla presenza di ghiandole riproduttive (gonadi). Il **sesso gonadico** è definito dalla presenza di testicoli negli uomini e di ovaie nelle donne. Il terzo livello è il livello psicosessuale-sociale che viene chiamato **genere**. Questi diversi livelli di solito coincidono, ma ci possono essere differenze, ad esempio il sesso cromosomico e gonadico, e il genere psicosessuale possono essere diversi.

Box 6.3

Caratteristiche sessuali primarie sono definite dagli organi riproduttivi. Gli organi riproduttivi primari sono le gonadi (ovaie e testicoli). Ci sono ulteriori organi riproduttivi che possono essere classificati come interni ed esterni. Gli organi riproduttivi interni includono le tube uterine e l'utero nelle donne e la prostata e le vescicole seminali negli uomini, mentre gli organi riproduttivi esterni (genitali) sono importanti nel rapporto sessuale. Sia la composizione cromosomica (sesso cromosomico) che gli ormoni sono importanti nello sviluppo degli organi riproduttivi. Le caratteristiche sessuali primarie possono già essere stabilite alla nascita.

Le caratteristiche sessuali secondarie, d'altra parte, si sviluppano durante la pubertà e includono la crescita del seno nelle ragazze, l'apparizione di peli genitali in entrambi i sessi, e la crescita dei muscoli, della peluria e una voce più profonda nei ragazzi.

Le ghiandole riproduttive (altrimenti chiamate gonadi) hanno due principali funzioni: la produzione di ormoni e la formazione di cellule germinali. Le cellule germinali sono gli spermatozoi nei testicoli e gli ovuli nelle ovaie.

Sia i testicoli che le ovaie sono organi pari. I testicoli sono situati nello scroto (sacca scrotale), poiché la temperatura ideale per la produzione di spermatozoi è da 1 a 2 gradi centigradi inferiore alla temperatura corporea centrale. L'epididimo è attaccato al testicolo ed è importante per la conservazione e la maturazione degli spermatozoi (Fig. 6.1). Le ovaie si trovano nella cavità addominale ai due lati dell'utero e sono legate ad esso da legamenti. Le tube uterine (tube di Falloppio) sono legate all'utero. La tuba uterina termina in fibre che circondano le ovaie come un imbuto. Attraverso questa l'ovulo proveniente dall'ovaio durante l'ovulazione viaggia verso l'utero (Fig. 6.2).

Mentre la produzione di spermatozoi continua ininterrottamente dopo la pubertà, sebbene in quantità decrescenti negli anziani, il numero di ovuli nella femmina è già determinato prima della nascita. Dopo la maturazione sessuale (pubertà), gli ovuli si sviluppano ulteriormente nel ciclo sessuale (di solito un ovulo in un ciclo). La funzione riproduttiva femminile è limitata nel tempo, poiché dopo la cosiddetta menopausa, la maturazione degli ovuli nelle ovaie si ferma e la produzione di ormoni è drasticamente ridotta. Le donne dopo la menopausa non sono più fertili. Durante i primi anni dopo la menopausa sono comuni le vampate di calore, la depressione e i disturbi del sonno.

Le ghiandole riproduttive non sono in grado di funzionare da sole ma necessitano di stimolazione da parte del sistema ipotalamo-ipofisario. L'**ormone di rilascio delle gonadotropine (GnRH)** è prodotto dall'ipotalamo che stimola l'ipofisi a rilasciare **LH (ormone luteinizzante)** e **FSH (ormone follicolo stimolante)**. La produzione di GnRH è ritmica poiché viene rilasciata in modo

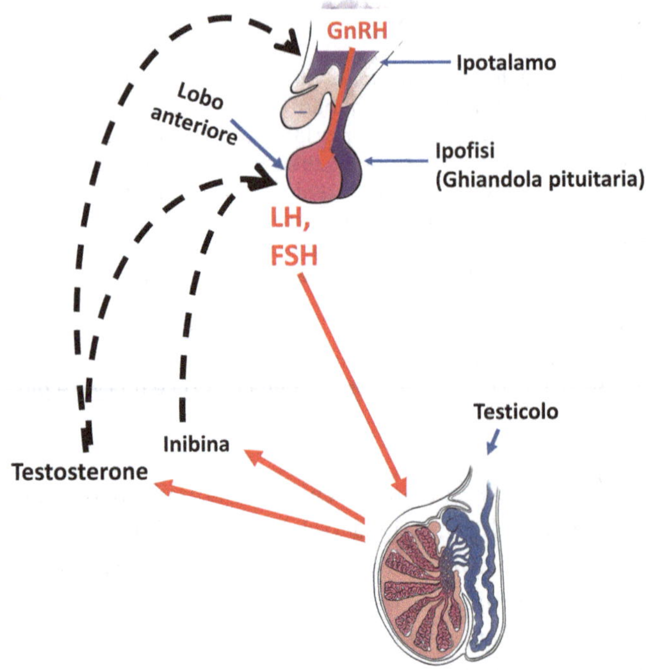

Fig. 6.3 Regolazione dell'asse ipotalamo-ipofisi-testicolo. Il GnRH prodotto dall'ipotalamo stimola LH e FSH ipofisari, che a loro volta stimolano la produzione di testosterone dai testicoli. Il testosterone inibisce la produzione di GnRH e LH/FSH, inoltre anche l'inibina rilasciata dal testicolo inibisce la produzione di ormoni ipofisari

pulsatile, e questa pulsatilità è importante. Se il ritmo è disturbato, la produzione di LH e FSH sarà difettosa. Sia LH che FSH sono fondamentali per il funzionamento delle gonadi.

La regolazione della funzione riproduttiva comporta una regolazione a feedback negativo come nelle altre ghiandole del sistema ipotalamo-ipofisario (tiroide e corteccia surrenale): il testosterone dai testicoli e gli estrogeni dalle ovaie inibiscono la produzione di LH e FSH. Questo sistema è, tuttavia, ancora più complicato degli altri, poiché implica anche altre sostanze regolatorie. La proteina inibina prodotta dalle gonadi inibisce la produzione di FSH (Fig. 6.3 e 6.4). Altre proteine regolatrici sono coinvolte in questo sistema, rendendolo uno dei sistemi più complessi, e quindi anche uno dei più sensibili e vulnerabili. Non è quindi sorprendente che la regolazione della funzione riproduttiva possa essere influenzata da disturbi di diversi altri ormoni. Ad esempio, i cicli sessuali femminili possono essere disturbati non solo dalla sovrapproduzione di cortisolo vista nella sindrome di Cushing (Capitolo 5.2.2) o da prolattinomi (Capitolo 2.3), ma anche in disfunzioni ormonali non direttamente legate alla funzione sessuale, ad esempio la sovrapproduzione di ormone della crescita (Capitolo 2.4.1).

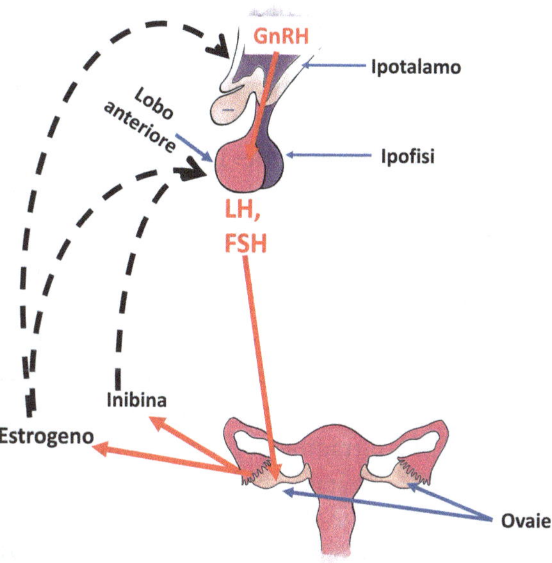

Fig. 6.4   Una visione semplificata dell'asse ipotalamo-ipofisi-ovaio. Il GnRH ipotalamico stimola LH e FSH ipofisari, che stimolano la produzione di estrogeni ovarici. Gli estrogeni insieme all'inibina ovarica sopprimono LH/FSH. Nella seconda fase del ciclo mestruale femminile, il progesterone rilasciato dal corpo luteo ha anche effetti inibitori sul sistema ipotalamo/ipofisi. Questo sistema regolatorio è molto più complicato di questo modello semplificato, poiché la produzione di ormoni è diversa nelle varie fasi del ciclo mestruale

Gli ormoni testicolari e ovarici appartengono alla famiglia degli ormoni steroidei. I due principali ormoni dell'ovaio sono il gruppo degli estrogeni e il progesterone. Gli estrogeni, tra questi il più importante è l'estradiolo, giocano un ruolo fondamentale durante la gravidanza nello sviluppo degli organi genitali interni ed esterni del feto femmina, e poi durante la pubertà nel promuovere la crescita del seno e l'aspetto femminile. Prima della pubertà l'estradiolo è prodotto solo in quantità minima, ma poi durante la pubertà il suo rilascio è notevolmente aumentato. Oltre a regolare lo sviluppo e il funzionamento sessuale, gli estrogeni sono anche importanti nel preservare la salute delle ossa e nella difesa dei vasi contro l'aterosclerosi. Questo spiega perché l'osteoporosi è caratteristica delle donne dopo la menopausa quando aumenta anche la frequenza delle malattie cardiovascolari. È interessante notare che gli estrogeni sono prodotti anche negli uomini dove sono importanti anche per la salute delle ossa; inoltre gli estrogeni sono importanti in entrambi i sessi nella regolazione della libido. Il tessuto adiposo svolge un ruolo centrale nella produzione di estrogeni. La rilevanza del tessuto adiposo è evidenziata dall'osservazione che la pubertà può iniziare più tardi del solito nelle ragazze che praticano un'attività sportiva molto intensa e quindi hanno molto meno tessuto adiposo rispetto alla media.

L'altro principale ormone dell'ovaio, il progesterone, ha principalmente effetti sulla mucosa dell'utero, chiamata endometrio (lo strato interno dell'utero dove l'ovulo fecondato si impianta). È fondamentale nella regolazione del ciclo mestruale femminile e nel mantenimento della gravidanza.

Il ciclo sessuale (mestruale) femminile: La funzione riproduttiva femminile procede in modo ciclico ogni mese; il ciclo inizia dopo il sanguinamento mestruale. Nelle ovaie del feto femmina è presente un numero fisso di ovuli (circa 200–300 mila), e dopo la pubertà, un ovulo (a volte due, o moltoraramente anche di più) inizia a maturare in ogni ciclo. Durante la vita di una donna adulta, 400–500 ovuli diventano maturi e vengono rilasciati dalle ovaie. L'ovulo è circondato da altre cellule, chiamate cellule granulose che producono gli ormoni ovarici. L'ovulo insieme alle sue cellule circostanti viene chiamato follicolo. Le concentrazioni di LH, FSH, estradiolo e progesterone cambiano tipicamente durante il ciclo mestruale. La durata del ciclo è variabile, di solito tra 24 e 38 giorni. L'ovulo maturo viene espulso dall'ovaia attraverso la rottura del follicolo, di solito a metà del ciclo. Questo processo è chiamato **ovulazione** (Fig. 6.2). L'ovulo maturo viaggia verso la tuba uterina durante l'ovulazione ed è pronto per essere fecondato. Dopo l'espulsione dell'ovulo, il follicolo si trasforma nella struttura che chiamiamo corpo luteo ("corpo giallo", di colore giallastro, poiché "luteum" significa giallo in latino e corpus significa corpo) che è la principale fonte di progesterone. La principale funzione del progesterone è legata alla preparazione dell'endometrio per la ricezione e l'impianto dell'ovulo fecondato, dove si svilupperà il feto. L'endometrio subisce notevoli cambiamenti durante il ciclo mestruale. Se non c'è concepimento (fecondazione dell'ovulo), la produzione di entrambi gli estrogeni e il progesterone diminuisce, e l'endometrio si stacca sanguinando. Questo è chiamato sanguinamento mestruale.

In contrasto con le femmine, **la funzione sessuale maschile** non è ciclica, e la produzione di testosterone e la generazione di spermatozoi è continua. Il testosterone è prodotto dalle **cellule di Leydig** del testicolo, situate tra i tubuli testicolari (chiamati tubuli seminiferi in medicina) responsabili della crescita delle cellule spermatiche (Fig. 6.1). Il testosterone è fondamentale nello sviluppo degli organi sessuali e delle caratteristiche sessuali secondarie. Aumenta la massa muscolare e la formazione ossea, soprattutto durante la pubertà. Il suo effetto promuove la crescita muscolare ed è anche sfruttato nel doping negli atleti. Il testosterone è prodotto anche in piccole quàntità nelle ovaie, e questo è rilevante nella regolazione della libido e del metabolismo osseo.

Sia il testosterone che gli estrogeni stimolano la formazione ossea durante la pubertà, ma allo stesso tempo inducono la formazione di osso nelle cartilagini di accrescimento portando alla loro chiusura. (Le cartilagini di accrescimento sono le regioni delle ossa ricche di cartilagine dove si osserva l'intensa proliferazione delle cellule ossee, e sono responsabili della crescita ossea.) Se le cartilagini di accrescimento si chiudono, non può avvenire una ulteriore crescita longitudinale.

Quali cambiamenti ormonali accompagnano la menopausa?

Durante la menopausa, la funzione sessuale ciclica femminile si ferma, e i cicli mestruali cessano. La produzione di estrogeni da parte delle ovaie è notevolmente ridotta e l'ipofisi aumenta il rilascio di FSH e LH a causa della mancanza del feedback negativo. La produzione di LH e FSH è così alta che qualche decennio fa questi ormoni venivano isolati dall'urina delle donne in menopausa per uso terapeutico. Insieme alla riduzione dei follicoli ovarici, è ridotta anche la produzione di inibina e di **ormone anti-Mulleriano (AMH)** da parte delle cellule follicolari. La misurazione del livello di AMH è utile nell'indagine sulla fertilità, poiché il suo basso livello indica un basso numero di follicoli. (Il nome AMH deriva dal dotto di Muller che è una struttura tubolare importante durante lo sviluppo fetale degli organi sessuali interni femminili).

Quali sintomi accompagnano la menopausa?

La menopausa è solitamente osservata oggi tra i 49 e i 55 anni di età. La sua conseguenza più sgradevole è rappresentata da improvvisi episodi di vampate di calore e sudorazione che sono legati a cambiamenti nel funzionamento dei vasi e del sistema nervoso. Anche i disturbi del sonno sono comuni. La secchezza vaginale può portare a disturbi nella vita sessuale. Nel lungo termine, la mancanza di estrogeni è anche legata all'emergere dell'osteoporosi.

Si può fare qualcosa per alleviare i sintomi sgradevoli della menopausa?

La terapia ormonale sostitutiva può essere utilizzata per trattare il sintomo più sgradevole della menopausa, cioè le vampate di calore. Per questo vengono utilizzate piccole quantità di estrogeni e progesterone. La terapia ormonale sostitutiva è indicata principalmente per trattare le vampate di calore e la secchezza vaginale. Un nuovo agente non ormonale è stato recentemente approvato negli Stati Uniti per trattare le vampate di calore. Questo farmaco (fezolinetant) agisce sul recettore della neurochinina che è coinvolto nelle funzioni del sistema nervoso responsabili delle vampate di calore.

Ci sono pericoli legati alla terapia ormonale sostitutiva in menopausa?

Sulla base di dati recenti, la terapia ormonale sostitutiva può essere considerata sicura sotto i 60 anni di età (o entro 10 anni dall'inizio della menopausa), ma non dovrebbe essere raccomandata alle donne sopra i 60 anni (o 10 anni dopo l'inizio della menopausa). La terapia ormonale sostitutiva (basso dosaggio di estrogeni + progesterone) aumenta il rischio di malattie cardiovascolari (infarto del cuore e ictus), trombosi venosa profonda e cancro al seno, ma sotto i 60 anni di età (o entro 10 anni dall'inizio della menopausa) l'aumento del rischio di malattie cardiovascolari è trascurabile.

Esiste anche l'andropausa?

A differenza della funzione riproduttiva femminile, gli uomini non sperimentano un cambiamento così drastico e relativamente improvviso che potrebbe essere paragonato alla menopausa dove la funzione sessuale si ferma irreversibilmente. Nonostante ciò, il concetto di andropausa sta diventando sempre più diffuso e indica la riduzione dell'attività sessuale e della produzione di cellule spermatiche negli uomini anziani. La produzione di testosterone diminuisce gradualmente con l'età, ma questa riduzione non è così grave come nelle donne dopo la menopausa che producono molto meno estrogeni di prima. Insieme alla riduzione del testosterone, i livelli di LH e FSH ipofisari possono essere moderatamente aumentati negli uomini anziani, indicando una disfunzione testicolare. Oltre alla ridotta attività sessuale, i livelli di testosterone diminuiti possono essere associati a una ridotta formazione di globuli rossi, di massa muscolare e ossea. Nonostante tutti questi cambiamenti, la terapia sostitutiva con testosterone non dovrebbe essere raccomandata agli uomini anziani che sperimentano livelli ematici di testosterone ridotti solo a causa della loro età avanzata.

6.2   Il funzionamento ipoattivo delle ghiandole riproduttive

Il ridotto funzionamento delle ghiandole riproduttive può risultare nella mancanza o nella riduzione di ormoni sessuali accompagnati dal disturbo della produzione di cellule germinali. Sono noti insufficienze primarie e secondarie delle ghiandole riproduttive, come nel caso di disfunzione della tiroide e delle ghiandole surrenali (Capitoli 3.2 e 5.2.5). Le malattie dei testicoli e delle ovaie sono responsabili dell'insufficienza primaria delle ghiandole riproduttive che causa una produzione insufficiente di testosterone o estrogeni. La mancanza di feedback negativo porta ad un aumento della produzione di LH e FSH da parte dell'ipofisi. D'altra parte, la malattia dell'ipofisi porta a un'insufficienza secondaria delle ghiandole riproduttive, dove sono bassi sia LH, FSH che i livelli di testosterone e estrogeni. L'insufficienza terziaria è dovuta a disturbi della produzione del GnRH ipotalamico.

Quali sono le conseguenze della carenza di GnRH?

Il GnRH è prodotto dai neuroni GnRH dell'ipotalamo. Ci sono circa 1000–1500 di queste cellule negli adulti, ed è piuttosto interessante che queste durante lo sviluppo fetale migrino da un'altra parte del cervello l verso la loro destinazione finale. La regione da cui provengono queste cellule è anche responsabile dello sviluppo della mucosa nasale e quindi della capacità di odorare. Questo meccanismo spiega l'interessante osservazione che nel caso dei rari difetti di migrazione dei neuroni GnRH, il disturbo dell'olfatto accompagna la disfunzione sessuale. Questa è una forma di insufficienza terziaria delle ghiandole riproduttive associata alla mancanza di GnRH e a bassi livelli di LH, FSH, testosterone o estrogeni. Un gruppo di queste rare malattie ereditarie è chiamato **sindrome di Kallmann**, dal nome dell'autore che per primo la descrisse.

Quali sono i sintomi della carenza di ormoni sessuali?

Le conseguenze della produzione insufficiente di ormoni sessuali sono diverse negli adulti e nei bambini. Se la disfunzione della produzione di ormoni sessuali si sviluppa solo in età adulta dopo la pubertà, lo sviluppo sessuale è già completato e non verrà invertito. La mancanza di testosterone negli uomini porta al rallentamento della crescita dei peli. I peli del corpo possono diventare più rari, e il paziente ha bisogno di radersi meno frequentemente di prima. Inoltre, la massa muscolare può diminuire. Piccole rughe appaiono sul viso in entrambi i sessi (Fig. 2.14). Sono anche comuni affaticamento e debolezza. La libido sessuale è diminuita, e negli uomini, si può osservare impotenza mentre nelle donne i cicli mestruali diventano rari o completamente assenti.

Cosa succede se gli ormoni sessuali sono assenti in infanzia?

In questo caso, la pubertà non si verifica e quindi lo sviluppo di caratteristiche sessuali secondarie è disturbato, come l'apparizione di peli sessuali in entrambi i sessi e dei seni nelle donne. La comparsa di peli sul viso e l'approfondimento della voce sono assenti, e i muscoli possono anche essere sottosviluppati. Per molti secoli, i testicoli di alcuni ragazzi venivano rimossi tramite castrazione per preservare la loro voce acuta. Questi cantanti "castrati" cantavano le note acute in varie rappresentazioni musicali comprese le opere. La castrazione porta anche all'assenza di fertilità, e gli uomini castrati (eunuchi) venivano impiegati come guardie dell'harem. C'è un'altra caratteristica interessante che potrebbe essere osservata tra gli eunuchi: gli uomini castrati erano più alti della media. Normalmente, durante la pubertà, le cartilagini di accrescimento delle ossa sono calcificate, quindi chiuse e quindi le ossa non possono crescere ulteriormente. In caso di carenza di ormoni sessuali, tuttavia, le ossa possono crescere ulteriormente, e principalmente negli uomini, la mancanza di ormoni sessuali (testosterone) risulta in una statura alta. Deve essere notato che il testosterone è assolutamente necessario per la normale densità ossea, e quindi in caso di carenza di testosterone è presente osteoporosi.

Qual è la causa più comune di carenza primaria di ormoni sessuali negli uomini?

Negli uomini, un'anomalia del cromosoma sessuale, chiamata **sindrome di Klinefelter** è la causa più comune di carenza primaria di ormoni sessuali. Questa sindrome non è rara, poiché uno su 500 neonati maschi è nato con questo disturbo. Nei pazienti con sindrome di Klinefelter, si trova un cromosoma X aggiuntivo (o in rari casi più di uno). Mentre negli uomini sani, sono presenti 44 cromosomi somatici più un cromosoma X e un cromosoma Y (46,XY), nella forma più tipica

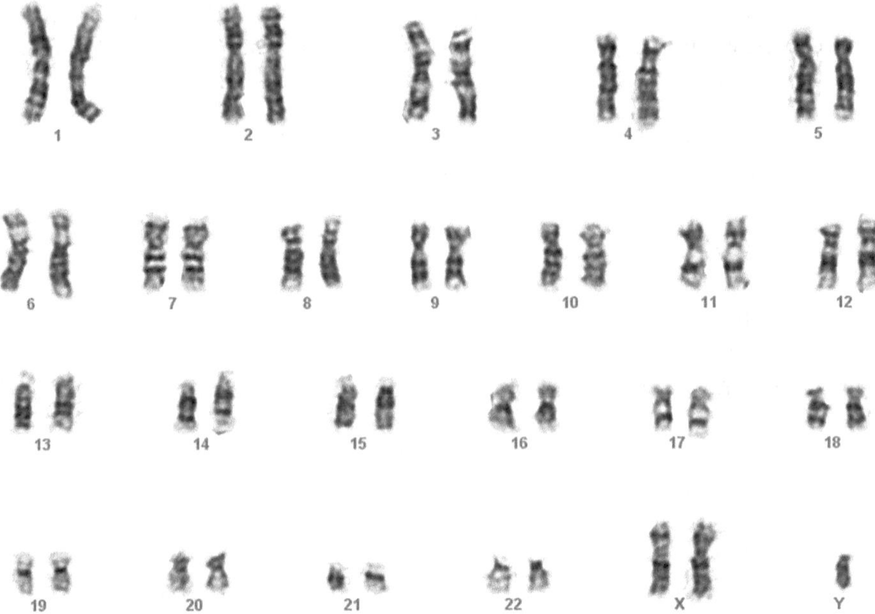

Fig. 6.5 Un cariotipo tipico nella sindrome di Klinefelter con un cromosoma X aggiuntivo. Invece del normale 46,XY (un cromosoma X e un cromosoma Y), si vede un cariotipo 47,XXY, quindi il paziente ha due cromosomi X invece di uno. Per gentile concessione del Dr. Irén Haltrich, Dipartimento di Pediatria, Università Semmelweis

della sindrome di Klinefelter, ci sono 47 cromosomi, due X e uno Y insieme a 44 cromosomi somatici (47,XXY) (Fig. 6.5).

I livelli di testosterone sono bassi nel sangue, mentre LH e FSH sono alti. I pazienti colpiti sono più alti della media (vedi sopra). La apertura delle braccia può essere più lunga dell'altezza (Fig. 6.6). In aggiunta alle cartilagini di accrescimento aperte a causa dell'assenza di testosterone, l'aumento dell'altezza può anche essere correlato alla doppia dose di geni presenti sul cromosoma X che promuovono la crescita. La crescita dei peli è diminuita a causa della mancanza di testosterone, e l'anca è più larga del normale. Nelle forme tipiche della malattia, la dimensione dei testicoli è piccola. Spesso si osserva aumento delle mammelle maschili (il termine medico è ginecomastia) (Fig. 6.7), e può anche verificarsi il cancro al seno maschile che altrimenti negli uomini è estremamente raro.

Quale disturbo cromosomico colpisce la funzione ovarica?

Il disturbo cromosomico più comune che colpisce la funzione sessuale femminile è la sindrome di Turner che si osserva in 1 caso su ogni 2000–2500 ragazze. Nella forma tipica della sindrome di Turner, un cromosoma X è assente, quindi la paziente ha solo 45 cromosomi (45,X). Ci sono, tuttavia, diverse altre forme in cui per esempio è assente non l'intero cromosoma X, ma solo una parte di esso, op-

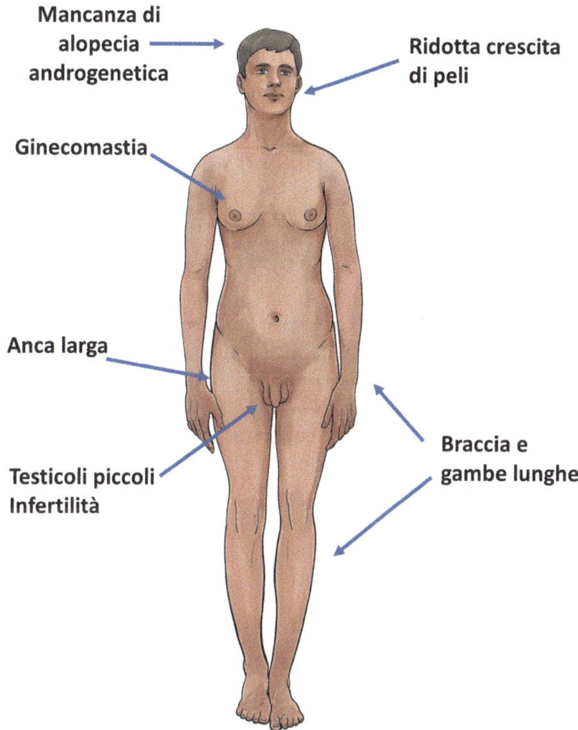

Fig. 6.6 Aspetto clinico tipico di un paziente con sindrome di Klinefelter

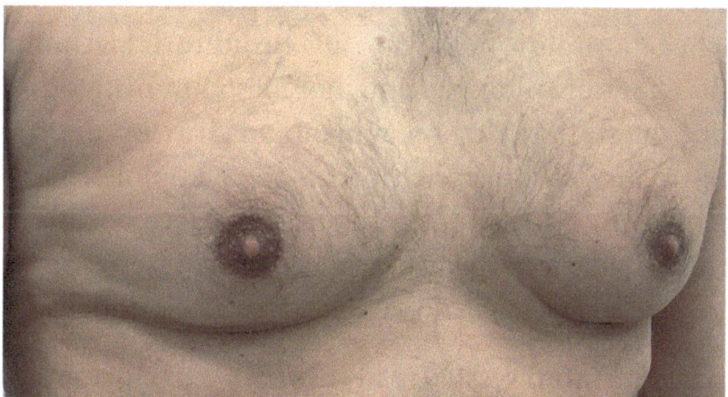

Fig. 6.7 Marcato ingrossamento delle mammelle maschili (ginecomastia)

pure nel corpo ci sono cellule con composizione cromosomica diversa. Quest'ultimo fenomeno è chiamato **mosaicismo**, in analogia a un mosaico composto da parti diverse. Il mosaico può verificarsi in parecchi diversi disturbi cromosomici, come nella suddetta sindrome di Klinefelter. Le forme a mosaico sono spesso più lievi, e anche la fertilità può essere osservata nelle forme a mosaico di entrambe le sindromi di Klinefelter e Turner.

Nelle forme tipiche della sindrome di Turner, le ovaie sono come una striscia (piccole, quasi cilindriche) e mancano di follicoli. Le pazienti colpite sono di statura bassa poiché entrambi i cromosomi X sono necessari per la crescita, e nelle pazienti che hanno solo un singolo cromosoma X, sono presenti meno geni che promuovono la crescita. I cicli mestruali non sono presenti: il termine medico è **amenorrea primaria** (Box 6.4).

Box 6.4

La mancanza di cicli mestruali è chiamata amenorrea. Nel caso di **amenorrea primaria,** la donna interessata non ha cicli mestruali prima dei 16 anni. L'amenorrea primaria è normale fino alla pubertà. Anche la sindrome di Turner è caratterizzata da amenorrea primaria. Nell' **amenorrea secondaria**, i cicli mestruali cessano in una donna che li aveva precedentemente. Per definizione, è necessario un arresto di più di 3 mesi nelle donne che avevano precedentemente cicli mestruali regolari, mentre nel caso di mestruazioni irregolari, è necessario un periodo di più di 6 mesi senza cicli mestruali per diagnosticare l'amenorrea secondaria.

Oltre a ciò, è caratteristico anche un torace a scudo, dove la distanza tra i capezzoli è maggiore del normale. Si osserva spesso anche una piega cutanea su entrambi i lati del collo. Inoltre, il quarto dito può essere più corto a causa della riduzione in lunghezza dell'osso metacarpale (Fig. 6.8).

Nelle pazienti con sindrome di Turner sono comuni, i disturbi dello sviluppo cardiaco che richiedono regolari controlli cardiologici. In alcuni casi è necessario anche un intervento chirurgico al cuore a causa del restringimento (stenosi) dell'aorta. Anche l'ipotiroidismo dovuto alla tiroidite di Hashimoto è piuttosto frequente. La bassa statura può essere migliorata somministrando l'ormone della crescita, sebbene queste ragazze non abbiano una carenza di ormone della crescita. I cicli mestruali possono essere ripristinati con pillole contraccettive combinate contenenti estrogeno e progesterone. Grazie al recente notevole sviluppo delle tecniche di fecondazione in vitro, la gravidanza può essere possibile in alcuni casi, principalmente attraverso la donazione di ovuli da donne sane.

Può una carenza di ormoni sessuali essere un obiettivo per il trattamento medico?

Ci sono tumori sensibili agli ormoni che esprimono recettori per gli ormoni sessuali, dove il legame ormonale promuove la crescita del tumore. Il testosterone stimola la crescita delle cellule tumorali della prostata, e quindi la mancanza di testosterone migliora la prognosi del cancro prostatico sensibile agli ormoni. Alcune forme di cancro al seno esprimono recettori per estrogeni e progesterone. Classicamente la rimozione chirurgica dei testicoli (castrazione) era effettuata per indurre la carenza di testosterone, ma oggi questa può essere ottenuta con farmaci.

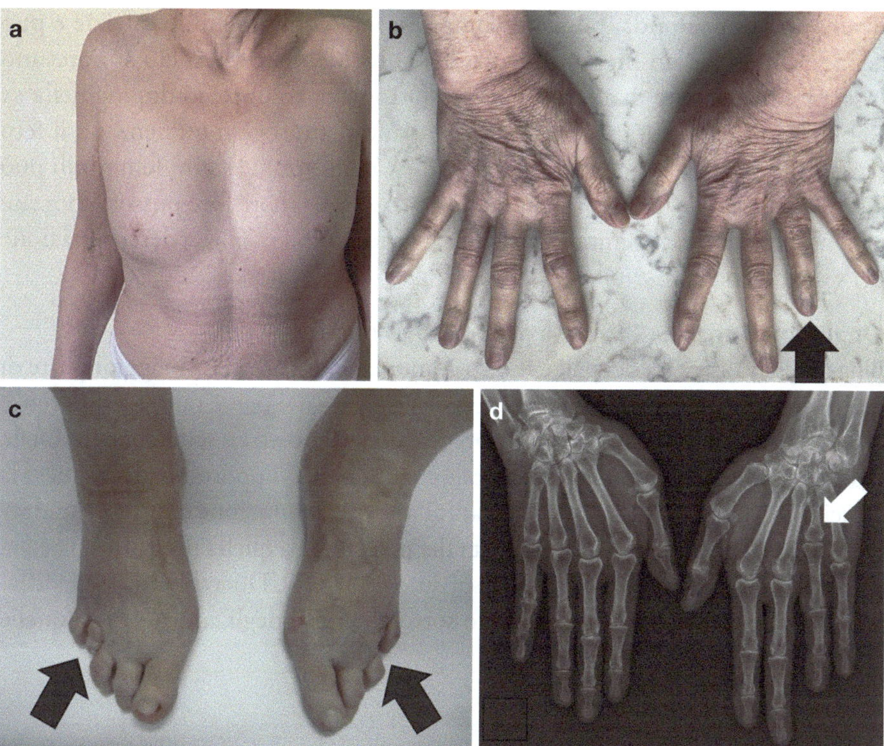

Fig. 6.8 Sintomi tipici della sindrome di Turner: **a** torace a scudo, **b** un quarto dito particolarmente corto sulla mano sinistra **c** quarto dito del piede corto su entrambi i piedi, **d** la radiografia della mano mostra che un osso metacarpale particolarmente corto (freccia bianca) è responsabile per il quarto dito corto

Per questo scopo vengono principalmente utilizzate iniezioni contenenti agenti simili al GnRH (analoghi del GnRH) che portano a una carenza di testosterone tramite una ridotta produzione di LH e FSH pituitarici. Per inibire gli effetti degli estrogeni, vengono utilizzati analoghi del GnRH e molecole che influenzano i recettori agli estrogeni o la produzione di estrogeni.

6.3   Aumento della produzione di ormoni sessuali

In questo campo, l'eccessiva produzione di androgeni nelle donne è il gruppo di malattie più importante, mentre l'eccessiva produzione di estrogeni negli uomini è estremamente rara.

A cosa porta la sovrapproduzione di ormoni androgeni nelle donne?
La sovrapproduzione di ormoni androgeni provoca cambiamenti maschili nelle donne. La crescita eccessiva dei peli è la più comune. Nei casi gravi, la voce può

diventare più profonda, possono comparire muscoli maschili e calvizie e può svilupparsi anche un ingrandimento del clitoride. Esempi di ciò si potevano osservare nelle atlete di atletica pesante sottoposte ad estremo doping nella ex Repubblica Democratica Tedesca. Se gli ormoni androgeni influenzano il feto femminile durante la gravidanza, lo sviluppo dei genitali esterni femminili può essere disturbato, e un clitoride ingrandito o grandi labbra fuse possono portare a un aspetto simile ai genitali maschili causando difficoltà nella determinazione del sesso alla nascita.

Quali tipi di crescita eccessiva dei peli sono noti?
Una eccessiva crescita dei peli è molto comune nelle donne. La maggior parte di questi sono casi lievi, e una grave eccessiva crescita dei peli è rara. Le differenze culturali sono importanti nell'interpretare una eccessiva crescita dei peli. Oggi, l'ideale di donna nel mondo occidentale è senza peli. È importante distinguere la crescita eccessiva dei peli che è correlata alla sovrapproduzione di ormoni androgeni da quella che non lo è. La crescita dei peli simile a quella maschile correlata a un effetto androgeno è chiamata irsutismo (Box 6.5). Dovrebbero essere differenziatele regioni della pelle che sono sotto gli effetti degli androgeni da quelle che non lo sono.

> **Box 6.5**
>
> **L'irsutismo** è un eccesso di crescita della peluria nelle regioni della pelle sotto effetto androgenico. Queste regioni della pelle includono il viso, collo, schiena, seno, pancia e coscia. Mentre i peli pubici terminano in una linea convessa nelle donne, negli uomini crescono fino all'ombelico. L'aspetto di quest'ultimo modello riflette anche l'effetto degli androgeni. Gli avambracci e le gambe inferiori, d'altra parte, non sono influenzati dagli androgeni, e quindi la crescita eccessiva dei peli in queste regioni non è correlata agli androgeni e per lo più non è mediata da malattie endocrine.

Quali domande sono importanti riguardo alla crescita eccessiva dei peli?
La domanda più importante riguarda i cicli mestruali. La possibilità di una grave sovrapproduzione di ormoni androgeni correlata ad una eccessiva crescita dei peli è relativamente bassa se i cicli mestruali sono normali. Una significativa sovrapproduzione di ormoni androgeni può risultare in cicli mestruali infrequenti (oligomenorrea) o in una completa mancanza di essi (amenorrea secondaria) (Box 6.4).

Quali malattie possono essere responsabili della crescita eccessiva dei peli?
Nelle donne la più comune malattia endocrina che può portare a disturbi mestruali e crescita eccessiva dei peli è la sindrome dell'ovaio policistico (PCOS). Possono essere responsabili anche i disturbi della produzione di ormoni ste-

roidei (disturbi enzimatici discussi nel capitolo della surrenale, forme di deficit di 21-idrossilasi, Capitolo 5.2.6), e i tumori ovarici o surrenalici produttori di androgeni.

Quante volte troviamo la causa della crescita eccessiva dei peli attraverso un esame endocrinologico?

Dipende dal grado di crescita eccessiva dei peli. La possibilità di un background endocrinologico è più probabile nei casi di grave eccessiva crescita dei peli. La PCOS è la causa più comune. Un background ormonale può essere sospettato se sono presenti ulteriori segni di sovrapproduzione di androgeni come voce profonda, calvizie maschile, acne cutanea (Box 6.6). Nella maggior parte dei casi di lieve isolata eccessiva crescita dei peli, le alterazioni ormonali sono solitamente assenti.

Box 6.6

Acne (punti neri, punti bianchi) è una condizione cutanea legata ai follicoli piliferi a causa di un aumento della produzione di sebo. Sono note diverse forme che possono essere esteticamente disturbanti. L'acne è particolarmente comune sul viso, collo, schiena e spalle. Gli androgeni aumentano la produzione di sebo cutaneo e quindi promuovono la formazione di acne.

La Fig. 6.9 mostra un caso di irsutismo lieve.

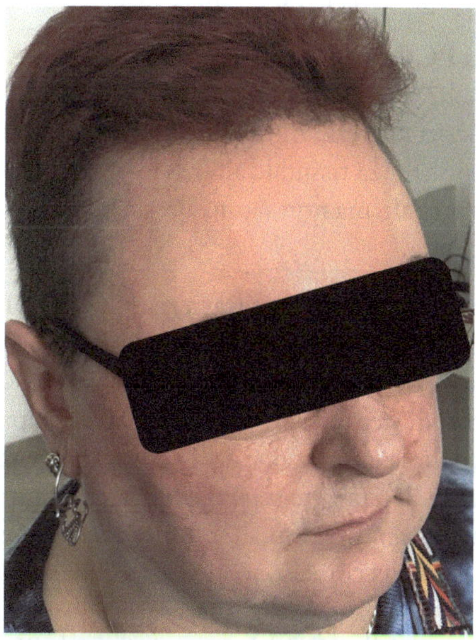

Fig. 6.9 Irsutismo lieve sul viso: sul labbro superiore e sul mento. Si nota la calvizie maschile nella regione temporale

Quali sono le principali caratteristiche della sindrome dell'ovaio policistico?
La sindrome dell'ovaio policistico (PCOS) è una delle malattie femminili più comuni, interessando circa il 5–18% delle donne. Su questa base, è legittimo chiedersi se considerarla una malattia. Quello che consideriamo normale può rientrare in limiti piuttosto ampi. Il nome della malattia si riferisce alla presenza nelle ovaie di sacche contenenti liquido, chiamate cisti. Queste in realtà non sono cisti ma follicoli ingranditi. La gravità della PCOS è piuttosto variabile. Ci sono casi con grave eccessiva crescita dei peli, obesità e disturbi mestruali, ma si possono osservare anche forme più lievi con normale corporatura o anche solo con disturbi del ciclo mestruale e senza eccessiva crescita dei peli.

Come può essere stabilita una diagnosi di PCOS?
Stabilire una diagnosi di PCOS non è facile. È importante escludere malattie che causano sintomi simili, come la sindrome di Cushing legata alla sovrapproduzione di ormoni glucocorticoidi (Capitolo 5.2.2), disturbi della produzione di ormoni steroidei (Capitolo 5.2.6) o sovrapproduzione di prolattina (Capitolo 2.3). Per stabilire la diagnosi di PCOS sono utilizzati alcuni diversi sistemi di criteri, e tra questi i criteri di Rotterdam determinati nel 2003 sono i più utilizzati. Questo sistema include 3 caratteristiche, e almeno due dovrebbero essere presenti per la diagnosi: i. irregolarità mestruale (ovulazione rara o assente), ii. segni clinici di aumentati effetti androgeni o aumentata concentrazione di ormoni androgeni nel sangue, iii. tipico aspetto policistico delle ovaie. L'ecografia, in particolare l'ecografia vaginale, è necessaria per esaminare l'aspetto policistico delle ovaie.

Qual è la causa della PCOS?
Sfortunatamente, anche oggi questa domanda non può avere una risposta completa. Sono state descritte diverse modifiche importanti oltre a quelle osservate nelle ovaie, come la resistenza tissutale all'insulina, disfunzioni nell' ipotalamo, ipofisi e ghiandole surrenali, ma non si può affermare che l'origine della malattia sia completamente chiara.

Quali caratteristiche ormonali sono caratteristiche nella PCOS?
La concentrazione ematica di ormoni androgeni è aumentata, e principalmente è necessaria la misurazione del testosterone e DHEAS. Per escludere una disfunzione degli enzimi produttori di steroidi corticosurrenalici, principalmente la carenza di 21-idrossilasi, è utile anche la misurazione del 17-idrossiprogesterone e dell'androstenedione (Capitolo 5.2.6). Il rapporto tra LH e FSH è spostato verso LH, ma questo non è incluso tra i criteri diagnostici attuali. E' tipica anche **la resistenza all'insulina**, il che significa che i tessuti del corpo sono meno sensibili del normale all'insulina, e quindi i livelli di insulina sono aumentati. Tuttavia, la resistenza all'insulina non è inclusa nei criteri diagnostici della PCOS. I pazienti affetti da PCOS hanno un rischio aumentato di sviluppare il diabete mellito di tipo 2 caratterizzato da resistenza all'in-

sulina. È importante sottolineare che **la resistenza all'insulina non è una malattia a sé stante, ma un fenomeno che è implicato nello sviluppo di diverse malattie, tra cui PCOS.** Questa questione è discussa nel prossimo capitolo (Capitolo 7).

Quali circostanze dovrebbero essere considerate riguardo al prelievo di sangue?
È importante quando esattamente avviene il prelievo di sangue durante il mese poiché le concentrazioni ematiche di LH, FSH e ormoni sessuali variano durante il ciclo mestruale. Si consiglia di organizzare il prelievo di sangue all' inizio del ciclo mestruale, il 3° o 4° giorno dopo l'inizio del sanguinamento.

Cosa si può scoprire dagli esami ormonali se il paziente sta assumendo contraccettivi?
Molte donne che soffrono di disturbi mestruali e ipertricosi assumono pillole contraccettive. Questo trattamento può migliorare notevolmente i sintomi, ma nasconde anche le alterazioni ormonali. È molto importante notare che i livelli di ormoni steroidei, compresi gli ormoni sessuali e gli ormoni surrenali, sono modificati durante il trattamento contraccettivo, e non esistono range normali per questi. Pertanto, le misurazioni ormonali non possono essere interpretate. La spiegazione di questo fenomeno risiede nell'effetto dei componenti estrogenici dei contraccettivi che stimolano la produzione di proteine trasportatrici di ormoni. Gli ormoni steroidei non circolano liberamente nel circolo sanguigno ma sono legati da proteine. Queste proteine sono prodotte principalmente dal fegato e i tassi di produzione sono aumentati dagli estrogeni. Allo stesso modo, gli ormoni steroidei non dovrebbero essere misurati neanche durante la gravidanza, poiché le grandi quantità di estrogeni prodotti durante la gravidanza hanno lo stesso effetto.

Di regola, le misurazioni ormonali non dovrebbero essere eseguite in pazienti che assumono pillole contraccettive, ma solo dopo un'interruzione di 3 mesi. (La sola grande eccezione è la misurazione degli ormoni tiroidei poiché i livelli di TSH e T4 e T3 liberi possono essere determinati in modo affidabile).

Ci sono gravi complicazioni della PCOS?
La PCOS può ridurre la fertilità. Il rischio di diabete mellito (gestazionale) e alta pressione sanguigna è aumentato nelle donne con PCOS. Anche il parto prematuro è più comune. Riguardo ai disturbi metabolici, anche il diabete mellito di tipo 2 è più comune e possono verificarsi cambiamenti sfavorevoli nei lipidi del sangue che aumentano il rischio di malattie cardiovascolari. Anche le malattie psichiatriche come l'ansia e la depressione sono più comuni.

Come dovrebbe essere trattata la PCOS?
Poiché il background della PCOS non è completamente chiarito, il suo trattamento non può essere limitato a una singola opzione. Nelle forme associate con grave obesità, la riduzione del peso corporeo e la restrizione calorica sono fondamentali. L'attività fisica e la dieta sono di fondamentale importanza. E'

proposto un apporto energetico giornaliero di 1200–1500 kcal (kilocalorie), ma questo certamente dipende anche dall'attività fisica dellapaziente (Box 6.7). Il tipo di dieta non influisce realmente sul trattamento della PCOS, i pilastri sono la restrizione calorica (Box 6.8) e la perdita di peso.

> **Box 6.7**
>
> **Quanta attività fisica è desiderabile?** Sono necessari 150 minuti di attività fisica moderata o 75 minuti di attività fisica intensa a settimana per prevenire l'aumento di peso e mantenere uno stile di vita sano in generale. Per la riduzione del peso, tuttavia, è necessaria un'attività fisica più intensa, 250 minuti di attività moderata o 150 minuti di attività intensa.

> **Box 6.8**
>
> **Quanto è un normale apporto calorico giornaliero?** Il livello dipende dal sesso, dall'attività fisica e dall'età. L'apporto calorico giornaliero necessario diminuisce gradualmente a partire dai 18 anni. Ad esempio, un uomo tra i 21 e i 25 anni con uno stile di vita sedentario richiede 2400 kcal, mentre se svolge un lavoro fisico pesante possono essere necessarie anche 3200 kcal giornaliere. Le donne della stessa fascia di età richiedono 2000 kcal per uno stile di vita sedentario, mentre 2400 kcal se praticano attività fisica. Un uomo tra i 71 e i 75 anni ha bisogno di 2400 kcal per una attività fisica intensa, mentre una donna nelle stesse condizioni solo 2000 kcal. Certamente, questi sono solo valori approssimativi.

Il primo trattamento medico della PCOS si basa tradizionalmente sull'uso di pillole contraccettive contenenti estrogeno/progesterone (Box 6.9) (se l'obiettivo diretto del trattamento non è la gravidanza). I contraccettivi riducono i livelli di LH e quindi la produzione di androgeni ovarici. La concentrazione di testosterone libero, non legato alle proteine, è ridotta nel sangue, e anche la produzione di androgeni surrenali è diminuita. Normalizzando i cicli mestruali, migliora anche la condizione dell'endometrio.

> **Box 6.9**
>
> **Come funziona il contraccettivo ormonale?** Le pillole contraccettive ormonali sono state sviluppate per prevenire gravidanze indesiderate. Le pillole contraccettive moderne contengono molecole di ormoni sintetici con azioni estrogeniche e progestiniche. L'assunzione di queste sostanze inibisce la produzione di ormoni regolatori dell'ipotalamo e dell'ipofisi che influenzano la funzione riproduttiva, impedendo così la maturazione dell'ovulo e quindi il a concepimento. La composizione ormonale nei farmaci moderni varia in base al ciclo mestruale, e quindi è garantito il cambiamento ciclico quasi normale della mucosa uterina e del sanguinamento mestruale. Le pillole contraccettive ormonali sono i metodi più efficaci di contraccezione. Vengono utilizzate anche nel trattamento di diverse malattie.

Ci sono, tuttavia, condizioni in cui l'uso di pillole contraccettive non è raccomandato (controindicato): nelle donne oltre i 35 anni che fumano più di 15 sigarette al giorno; se sono presenti fattori di rischio per malattie cardiovascolari (come fumo, diabete, pressione alta); precedente trombosi venosa; ictus; noto problema di coagulazione del sangue; malattia coronarica o valvolare; cancro al seno; alcune malattie del fegato; emicrania.

Recentemente, l'uso di metformina che agisce sulla riduzione della resistenza all'insulina (prossimo Capitolo 7) sta diventando sempre più diffuso nel trattamento della PCOS. La metformina è un farmaco di base nel trattamento del diabete mellito di tipo 2, dove esercita i suoi effetti benefici in parte migliorando la sensibilità dei tessuti all'insulina. Riducendo l'appetito, è utile nei casi di PCOS con obesità. È importante notare che l'indicazione per l'uso della metformina è il diabete e più recentemente anche il prediabete (il disturbo del metabolismo del glucosio precedente al diabete). Il suo uso nella PCOS senza diabete mellito è chiamato off-label (Box 6.10). L'uso della metformina è chiaro nella PCOS associata all'obesità, ma molti la usano anche nella PCOS non associata al disturbo dell'omeostasi del glucosio.

Box 6.10

Trattamento on-label significa che il farmaco è usato secondo le istruzioni determinate dalle autorità ufficiali competenti del paese. Il farmaco è usato con un'indicazione definita per trattare certe malattie e condizioni. La maggior parte dei farmaci sono usati on-label.
Non è raro, tuttavia, che i dati di ricerca possano mostrare che il farmaco può essere usato per altri scopi rispetto a quelli definiti in precedenza. Questo uso è chiamato **off-label**, e di solito richiede il permesso delle autorità competenti. L'uso off-label è particolarmente comune in oncologia, dove emergono continuamente nuovi farmaci e nuovi dati dalla ricerca scientifica.

La metformina migliora i cicli mestruali in circa la metà delle donne che soffrono di PCOS, ma non è particolarmente efficace nel ridurre l'ipertricosi né nel mitigare gli effetti della sovrapproduzione di androgeni. La dose giornaliera di metformina nella PCOS varia da 500 mg a 2000 mg al giorno. (La dose massima giornaliera di metformina è 3000 mg.) La metformina può essere combinata con pillole contraccettive, ma non ci sono ancora dati sull' efficacia di questa combinazione.

Sono noti altri trattamenti complementari, come il mioinositolo, ma sono necessari ulteriori studi per determinare la loro efficacia.

Cosa dovrebbe essere fatto per pianificare la gravidanza nei pazienti con PCOS?
La riduzione del peso è la cosa più importante. Questo migliora sia la possibilità di concepimento, sia di una gravidanza di successo. Per indurre l'ovulazione, può

essere utilizzato un trattamento medico, più spesso l'uso di **clomifene citrato**. Questa è una molecola simile all'estrogeno che induce il rilascio di LH e FSH dalla ghiandola pituitaria. Ci sono anche dati sull'uso del letrozolo nell'induzione dell'ovulazione come trattamento off-label (Box 6.10). Il letrozolo è stato originariamente utilizzato nel trattamento del cancro al seno per ridurre la formazione di estrogeni, ma può anche essere applicato nell' induzione dell'ovulazione poiché aumenta il rilascio di FSH dalla ghiandola pituitaria. Ci sono anche dati sull'uso della metformina per promuovere la gravidanza, ma non è universalmente accettato.

Quali opzioni di trattamento sono disponibili in caso di alti livelli di androgeni?

Livelli elevati di ormoni androgeni si trovano nella PCOS ma anche in altre malattie (come tumori ovarici o surrenali produttori di androgeni, e disturbi degli enzimi steroidei nella corteccia surrenale (Capitolo 5.2.6)), ma non è raro che la causa non possa essere identificata. Se la causa viene trovata, il suo trattamento è necessario per risolvere la sovrapproduzione di androgeni. Ad esempio, la sovrapproduzione di androgeni può essere curata con la rimozione del tumore produttore di androgeni. I disturbi della biosintesi degli ormoni steroidei possono essere trattati con la somministrazione di ormoni glucocorticoidi (Capitolo 5.2.6).

Se la sovrapproduzione di ormoni androgeni non può essere risolta con il trattamento della malattia sottostante, possono essere applicati diversi farmaci. I contraccettivi possono essere efficaci, tra questi ci sono molecole che hanno **effetti antiandrogeni** che inibiscono l'azione degli ormoni androgeni. Molte di queste molecole appartengono al gruppo degli ormoni progestinici o sono molecole simili (come il ciproterone acetato). In alcuni casi, si sfruttano gli effetti collaterali di farmaci utilizzati principalmente nel trattamento di altre malattie. Un esempio di ciò è lo **spironolattone**, la cui azione principale è l'inibizione dell' aldosterone, ed è quindi utilizzato nel trattamento della sovrapproduzione di aldosterone (come nell'aldosteronismo primario, Capitolo 5.2.4). D'altra parte, la spironolattone si lega anche al recettore degli androgeni e ne inibisce l'attività. Questo spiega il suo effetto collaterale sgradevole negli uomini, poiché l'inibizione degli effetti degli androgeni risulta in impotenza e l'ingrossamento delle mammelle maschili (ginecomastia). Nelle donne, tuttavia, la spironolattone è utile per il trattamento di condizioni con elevati livelli di androgeni. Inoltre, ci sono dati sull'uso negli uomini di farmaci antiandrogeni destinati al trattamento dell'ingrossamento della prostata e del cancro (flutamide, finasteride). Questo ultimo uso è certamente off-label, poiché questi farmaci sono stati sviluppati per trattare i maschi. Tutti questi farmaci con effetti antiandrogeni dovrebbero essere utilizzati solo insieme a contraccettivi, poiché potrebbero essere dannosi per il feto in un eventuale gravidanza.

Quali sono i pericoli dell'uso di contraccettivi?
I moderni farmaci contraccettivi contenenti estrogeni e progesterone sono generalmente ben tollerati e sicuri. Non influenzano il peso corporeo, l'umore, l'attività sessuale o la gravidanza successiva. I dati di ricerca più recenti mostrano che i contraccettivi non aumentano la frequenza dei tumori a lungo termine e possono addirittura diminuire il rischio di cancro ovarico e uterino.

I contraccettivi aumentano il rischio di coagulazione del sangue (trombosi), ma questo rischio è ancora molto basso nelle donne sane non fumatrici. I contraccettivi sono controindicati in quelle con una storia di trombosi venosa profonda (principalmente nelle vene degli arti inferiori), o altra malattia con trombosi. Il rischio di trombosi aumenta quando si è notevolmente in sovrappeso, e ci sono anche alcuni fattori genetici, che sono associati ad un aumento del rischio di trombosi. Il più importante tra questi è la **mutazione** del gene **Leiden** che codifica per il fattore V della cascata di coagulazione del sangue. L'analisi di routine di varianti genetiche potenzialmente predisponenti ad un aumento della coagulazione del sangue è proposta per quegli individui che hanno fratelli o sorelle diagnosticati con aumento della coagulazione del sangue.

Oltre alla trombosi venosa, è leggermente aumentato anche il rischio di trombosi arteriosa, ma questo è solo lieve con i contraccettivi recenti, che hanno un contenuto di estrogeni diminuito. La trombosi arteriosa può manifestarsi come infarto del cuore o ictus, se sono colpite le arterie coronarie o cerebrali. Alcuni studi sostengono che questorischio sia circa il 60% più alto rispetto agli individui che non assumono contraccettivi.

I rischi con i contraccettivi aumentano nelle donne oltre i 35 anni e con il fumo.

6.4 Disturbi della differenziazione sessuale

Lo sviluppo sessuale è un processo molto complesso che coinvolge sia fattori genetici che ormonali. Ci sono diverse malattie, per lo più rare, (Box 6.11) in cui le caratteristiche sessuali sono diverse da quelle tipiche per il background genetico. È possibile che il sesso cromosomico (genetico), il sesso gonadico, e le caratteristiche dei genitali esterni e dei caratteri sessuali secondari non coincidano. Anche i disturbi degli enzimi discussi tra le malattie surrenali (Capitolo 5.2.6) sono associati a disturbi dello sviluppo sessuale. Qui, viene discusso un gruppo di malattie molto interessante legato al malfunzionamento del recettore degli androgeni.

Box 6.11

Cos'è una malattia rara? Secondo la definizione attuale, una malattia rara è definita come una malattia che colpisce meno di un individuo su 2000 persone.

Insensibilità completa agli androgeni

L'insensibilità completa agli androgeni è una malattia rara dovuta al difetto genetico del recettore degli androgeni che trasmette gli effetti del testosterone. Gli individui colpiti hanno un sesso cromosomico maschile (46,XY) e la loro glandola riproduttiva (gonade) è il testicolo. I testicoli producono testosterone, ma questo non può avere effetti androgeni a causa del difetto del recettore. Tuttavia, l'estrogeno, cheviene prodotto dal testosterone nel tessuto adiposo ed è attivo, porta allo sviluppo delle caratteristiche sessuali femminili secondarie. I pazienti colpiti hanno un aspetto femminile completamente normale con sviluppo normale del seno, ma gli organi riproduttivi primari (gonadi) sono i testicoli. I testicoli non si trovano nello scroto, ma si trovano altrove, ad esempio nel piccolo bacino o nel canale inguinale. I genitali esterni corrispondono a quelli delle femmine, ma la vagina è più corta della media, e termina in una tasca cieca, poiché l'utero è assente. I peli del corpo sono solitamente assenti, sia i peli pubici che ascellari. La malattia viene solitamente riconosciuta durante la pubertà, poiché non compaiono cicli mestruali, e i risultati ormonali mostrano livelli di testosterone corrispondenti a quelli maschili. Le donne colpite sono solitamente più alte a causa della composizione cromosomica maschile. Questa malattia può essere osservata tra le modelle.

Quale può essere il pericolo a lungo termine dell'insensibilità agli androgeni?

Il problema principale è legato al testicolo situato in una posizione inappropriata, cioè fuori dallo scroto. I tumori maligni possono formarsi nel testicolo trovato nel piccolo bacino o nel canale inguinale. Si raccomanda quindi di rimuovere chirurgicamente i testicoli come una misura preventiva. Dopo l'operazione, tuttavia, è necessaria una sostituzione ormonale, poiché l'estrogeno derivato dal testosterone testicolare aveva mantenuto le caratteristiche sessuali secondarie.

Cosa si usa per la sostituzione ormonale dopo l'asportazione profilattica dei testicoli?

Dovrebbe essere somministrato estrogeno. Non c'è bisogno di progesterone, poiché sarebbe necessario per il mantenimento dei cicli mestruali, ma qui, le pazienti interessate non hanno un utero. L'estrogeno è anche importante per mantenere la massa ossea e prevenire l'osteoporosi.

È noto anche l'insensibilità parziale agli androgeni?

Sì, in questi casi il testosterone ha alcuni effetti, e quindi potrebbero svilupparsi forme intermedie di genitali e di aspetto.

7

Sulla resistenza all'insulina

Oggi è sempre più comune che persone altrimenti sane inizino a prendere vari farmaci alla diagnosi di resistenza all'insulina. Basandomi su questo fenomeno diffuso, ritengo che la presentazione di questo argomento sia importante. La collocazione della resistenza all'insulina dopo le malattie delle gonadi non è casuale, poiché si tratta davvero di un fenomeno importante nella sindrome dell'ovaio policistico (PCOS) (Capitolo 6.3). Sfortunatamente, avviene anche che si tratti la resistenza all'insulina come una "malattia". Sebbene il diabete mellito non sia coperto in dettaglio da questo libro, è necessario discuterne brevemente qui insieme a uno dei principali ormoni che regolano il metabolismo dei carboidrati, l'insulina.

La regolazione dell'omeostasi dei carboidrati è un campo importante del metabolismo. C'è solo un singolo ormone capace di ridurre i livelli di glucosio nel sangue, ed è l'insulina prodotta dal pancreas. L'insulina è prodotta nel pancreas dalle cellule beta delle cosiddette isole pancreatiche (o isole di Langerhans) (Capitolo 1, Fig. 1.1). L'insulina stimola la degradazione del glucosio (zucchero) principalmente nel fegato e nel tessuto muscolare, inibisce sia la formazione di glucosio da parte del fegato che la degradazione del glicogeno epatico che funziona come deposito di zucchero, inoltre stimola la formazione di glicogeno. L'insulina stimola anche la sintesi dei grassi e inibisce la loro degradazione, insieme alla stimolazione della costruzione delle proteine.

In generale, l'insulina agisce per promuovere la formazione di grandi molecole (come proteine e molecole di grasso) ecco perché i suoi effetti sono chiamati **anabolici.**

Mentre l'insulina è l'unico ormone capace di ridurre i livelli di zucchero nel sangue, ce ne sono diversi altri che possono aumentarli. Gli ormoni che aumentano il glucosio nel sangue includono i glucocorticoidi corticosurrenali (l'ormone

P. Igaz, *Malattie ormonali*, https://doi.org/10.1007/978-3-032-16514-5_7

principale è il cortisolo, Capitolo 5.2.1), ormoni catecolaminergici adrenomedullari (epinefrina, norepinefrina) (Capitolo 5.3), e l'ormone della crescita prodotto dalla ghiandola pituitaria (Capitolo 2.1). Le isole pancreatiche non producono solo insulina, ma anche glucagone che aumenta fortemente i livelli di glucosio nel sangue. In contrasto con l'insulina, gli effetti dei glucocorticoidi sono **catabolici** poiché questi inducono la degradazione di grandi molecole. Mentre la perdita di un ormone che aumenta il glucosio nel sangue non comporta problemi gravi, la mancanza o l'azione disturbata dell'insulina, l'unico ormone capace di ridurre il glucosio nel sangue, è correlata a problemi seri. Come altri ormoni, l'insulina agisce tramite un recettore specifico appartenente al gruppo dei recettori della membrana cellulare. La mancanza di insulina o la sua azione alterata porta al diabete mellito (Box 7.1).

Box 7.1

Cos'è il diabete mellito? Il diabete mellito è un disturbo dell'omeostasi del glucosio (zucchero) che provoca un aumento dei livelli di zucchero nel sangue. L'elevato livello di zucchero nel sangue è dannoso, e a lungo termine danneggia sia i grandi che i piccoli vasi. Tra i tipi di danni ai grandi vasi, possono verificarsi malattie coronariche e stenosi delle grandi arterie, mentre i danni ai piccoli vasi possono portare a complicazioni retiniche, renali e nervose. Tra le complicazioni acute del diabete mellito, livelli molto alti di zucchero nel sangue portano a gravi disturbi metabolici che possono risultare in coma o addirittura morte nei casi più gravi. La diagnosi di diabete mellito si stabilisce misurando i livelli di zucchero nel sangue (possono essere utilizzati livelli di glucosio nel sangue sia prelevati a digiuno che i cosiddetti livelli casuali, prelevati in qualsiasi momento, o anche livelli di glucosio nel sangue prelevati durante un test di tolleranza al carico orale di glucosio.) E' anche utile misurare il livello di HbA1c. L'HbA1c è la forma di glucosio associata alla molecola di emoglobina che trasporta l'ossigeno nei globui rossi. Il suo livello indica il metabolismo del glucosio nel periodo di 3 mesi precedente il prelievo del sangue.

La resistenza all'insulina è una malattia?

È importante sottolineare che **la resistenza all'insulina non è una malattia, non esiste come malattia a sé stante.** Tuttavia, la resistenza all'insulina rappresenta un meccanismo importante, un processo patologico implicato nello sviluppo di diverse malattie. Concettualmente, resistenza all'insulina significa che il corpo diventa meno sensibile all'insulina rispetto alla norma, quindi è più difficile per l'insulina esercitare i suoi effetti. In altre parole, il cambiamento nel livello di zucchero dovuto all'azione dell'insulina è diverso dalla norma, è minore. La resistenza all'insulina può anche essere chiamata alterata sensibilità all'insulina.

Quali malattie sono influenzate dalla resistenza all'insulina?

La resistenza all'insulina si riscontra più frequentemente nell'obesità (Capitolo 8). Il diabete mellito di tipo 2 (Box 7.1 e 7.2) è un'altra importante malattia, associata alla resistenza all'insulina, che si sviluppa principalmente negli adulti, tipicamente in persone obese. La resistenza all'insulina è considerata importante nello sviluppo della sindrome dell'ovaio policistico (PCOS) (Capitolo 6.3) e la PCOS è anche un fattore di rischio per il diabete mellito di tipo 2. La resistenza all'insulina può essere collegata alla disfunzione sessuale femminile, ma curiosamente questo non si osserva negli uomini. Tra le ulteriori cause di resistenza all'insulina, è importante anche la sovrapproduzione di ormoni che aumentano il glucosio nel sangue. Sebbene non sia una malattia, anche la gravidanza è associata alla resistenza all'insulina. Raramente, vengono prodotti anticorpi contro l'insulina e molto raramente si riscontrano disturbi genetici alla base del malfunzionamento del recettore dell'insulina o della trasduzione del segnale.

> **Box 7.2**
>
> **Il diabete mellito di tipo 1** si sviluppa a causa della mancanza di insulina, ed è caratteristico nei bambini e nei giovani adulti. La carenza di insulina è per lo più la conseguenza di una risposta autoimmune contro le isole pancreatiche. I pazienti colpiti sono di solito magri. **Il diabete mellito di tipo 2** è caratteristico di adulti e anziani ed è di solito associato all'obesità. Mentre il diabete mellito di tipo 1 è di solito riconosciuto da sintomi tipici come bere grandi quantità di liquidi, perdita di peso, peggioramento delle prestazioni scolastiche o addirittura confusione, lo sviluppo del diabete di tipo 2 è lento, ed è spesso riconosciuto accidentalmente da un analisi di routine del sangue. Nel diabete di tipo 2, i livelli di insulina sono più alti della norma a causa della resistenza all'insulina.

Come dimostriamo la resistenza all'insulina?

Non è facile diagnosticare la resistenza all'insulina, e questo campo è oggetto di intensa ricerca. Si può affermare che nella pratica clinica, la **diagnosi di resistenza all'insulina è principalmente clinica**, il che significa che si basa piuttosto sull'esame clinico che sulle misurazioni di laboratorio.

Il sospetto di resistenza all'insulina può essere sollevato se tutti i seguenti elementi sono presenti in un paziente: aumento nel sangue dei livelli di zucchero e di grassi (colesterolo e trigliceridi), obesità addominale e ipertensione.

È importante sottolineare che non esiste un parametro generalmente accettato e clinicamente affidabile per misurare la resistenza all'insulina. Una intensa attività di ricerca è in corso in questo campo, ma un marker ideale, sufficientemente sensibile che fornisca una diagnosi affidabile non è stato ancora trovato. Tuttavia, è disponibile il cosiddetto **indice HOMA** (valutazione del modello di omeostasi resistenza all'insulina (Homeostasis Model Assessment in inglese)) e il suo uso è diffuso. L'indice HOMA è calcolato dai livelli a digiuno di glucosio e di insulina nel sangue tramite una semplice formula matematica. È stato sviluppato principalmente per scopi di ricerca, e non può essere considerato come un marker assolutamente affidabile della resistenza all'insulina poiché è influenzato da diverse circostanze. I suoi livelli normali sono anche piuttosto variabili in diversi studi. C'è un approccio che sostiene che un indice HOMA inferiore a 1 rifletta una sensibilità all'insulina ottimale e il suo valore è considerato normale fino a 1,9. Secondo altri, l'indice HOMA è considerato normale al di sotto di 2,5 e indica resistenza all'insulina sopra 4,5. I livelli normali dell'indice HOMA possono anche essere associati all'indice di massa corporea (BMI, Capitolo 7, Box 8.1). Come si può vedere, è difficile stabilire intervalli normali universalmente accettati (valori di cut-off) per un parametro così semplice come l'indice HOMA. Oltre all'indice HOMA esistono diversi altri parametri di ricerca che vengono calcolati dai valori determinati dopo la somministrazione per via venosa o l'assunzione per os di soluzioni di glucosio. Tuttavia, questi parametri sono difficili da stabilire e richiedono lunghi metodi che non possono essere utilizzati di routine nella pratica clinica.

È necessario un test di tolleranza al glucosio orale per diagnosticare la resistenza all'insulina?

Un test di tolleranza al glucosio orale eseguito consumando una soluzione zuccherina contenente 75 grammi di glucosio viene utilizzato principalmente per diagnosticare il diabete mellito e la sua condizione precedente, l' alterata tolleranza al glucosio (IGT). Per la loro diagnosi è necessaria la misurazione dei livelli di zucchero nel sangue prelevati a stomaco vuoto e poi 120 minuti dopo aver bevuto la soluzione zuccherina. I livelli di insulina normalmente aumentano dopo il consumo di zucchero. Tuttavia, non esiste un intervallo normale generalmente accettato per l'aumento dell'insulina, il che significa che non sappiamo quali livelli di insulina sono normali o meno dopo il consumo di glucosio, poiché ci sono significative differenze interindividuali. Negli studi di ricerca vengono esaminati diversi parametri che possono essere determinati dopo il test di tolleranza al glucosio, ma questi sono ancora in fase di indagine nella ricerca e non vengono utilizzati nella pratica clinica.

La misurazione dei livelli di insulina durante il test di tolleranza al glucosio dopo il consumo di glucosio non aiuta nella diagnosi di resistenza all'insulina, ed è quindi superfluo eseguirlo nella diagnostica di routine. La diagnosi di resistenza all'insulina non può essere basata in modo affidabile sull'aumento dell'insulina. Anche se i livelli di insulina aumentano diverse volte, 60 o 120 minuti dopo il consumo di glucosio, questo non può costituire la base per la diagnosi di resistenza all'insulina.

Cos'è la sindrome metabolica?

L'obesità, in particolare la sua forma addominale (Box 7.3), e la resistenza all'insulina associata insieme alle alterazioni del tessuto adiposo compromettono anche la salute dei vasi. Elevati livelli di zucchero e grassi nel sangue, ipertensione e infiammazione della parete del vaso favoriscono l'aterosclerosi. Questa ha un ruolo importante nello sviluppo di diverse malattie comuni e importanti come la malattia coronarica e le malattie cerebrovascolari (ictus). I fattori di rischio per il diabete mellito di tipo 2 e le malattie cardiovascolari si sovrappongono. Sulla base di ciò possiamo definire la sindrome metabolica come quella caratterizzata principalmente da obesità addominale, livelli elevati di grassi e glucosio nel sangue, e ipertensione. Un'altra caratteristica importante è legata alla riduzione dei livelli di lipoproteine ad alta densità (HDL) considerate la forma di "buon" colesterolo. (Al contrario, l'aumento del colesterolo LDL (lipoproteine a bassa densità) è un importante fattore di rischio per le malattie cardiovascolari.)

Box 7.3

L'obesità addominale è definita da una circonferenza addominale superiore a 102 cm negli uomini, e superiore a 88 cm nelle donne non incinte.

Come si può trattare la resistenza all'insulina?

Il trattamento primario per la resistenza all'insulina è il cambiamento dello stile di vita, ma sono disponibili anche alcuni farmaci. La riduzione del peso corporeo, la restrizione dell'apporto di carboidrati e calorie, e l'attività fisica influenzano favorevolmente la resistenza all'insulina nel diabete mellito di tipo 2, PCOS e obesità. Per ridurre la resistenza all'insulina, i farmaci utilizzati nel trattamento del diabete di tipo 2 (principalmente metformina) sono appropriati (Box 7.4).

Box 7.4

Trattamento del diabete mellito
Il pilastro del trattamento nel diabete mellito di tipo 1 è la somministrazione di, insulina poiché la malattia si sviluppa a causa della carenza di insulina. Anche la dieta è fondamentale.
Il primo passo nel trattamento del diabete di tipo 2 è il cambiamento dello stile di vita che include attività fisica e restrizione dietetica (riduzione dell'apporto di carboidrati e calorie), e quindi la riduzione del peso. Secondo le linee guida attuali, la metformina, il farmaco mirato principalmente a ridurre la resistenza all'insulina può essere introdotta già alla diagnosi della malattia. Inoltre, sono disponibili diversi altri gruppi di farmaci per il trattamento del diabete di tipo 2, come sostanze che aumentano la produzione di insulina pancreatica, farmaci che inibiscono la degradazione nell'intestino dei carboidrati complessi (come l'amido), e sostanze che inibiscono il riassorbimento del glucosio dalle urine promuovendo così il rilascio di zucchero nelle urine. Uno dei gruppi di farmaci più recenti deriva da un gruppo di ormoni prodotti principalmente dall'intestino tenue (le cosiddette incretine) che stimolano la produzione di insulina, rallentano lo svuotamento dello stomaco, riducono l'appetito e anche la produzione di glucagone. Questi sono i GLP-1 (agonisti del peptide 1 simile al glucagone) (come liraglutide e semaglutide). Queste sostanze riducono efficacemente il peso corporeo e costituiscono quindi uno dei metodi più potenti di riduzione del peso corporeo. Un ulteriore gruppo di farmaci agisce inibendo la degradazione del GLP-1, aumentando così i suoi livelli circolanti.

Dovremmo quindi trattare la resistenza all'insulina con i farmaci?
La resistenza all'insulina è principalmente associata all'obesità. Cambiamenti dello stile di vita, restrizioni dietetiche, attività fisica e quindi la riduzione del peso corporeo rappresentano i pilastri del trattamento in questo caso. L'applicazione della metformina, come farmaco che riduce la resistenza all'insulina, è indicata nei pazienti con diabete mellito di tipo 2. (Oggi, la metformina può anche essere utilizzata nella condizione che precede il diabete chiamata prediabete.)

La metformina viene anche utilizzata nel trattamento della PCOS (Capitolo 6.3). È necessario sottolineare che la metformina non è l'opzione di trattamento di prima linea in questo caso.

Al contrario, **la resistenza all'insulina che si verifica nell'obesità che non è associata al diabete non richiede una terapia farmacologica, ma principalmente cambiamenti dello stile di vita, come la riduzione del peso corporeo, l'attività fisica e la dieta.** Nella resistenza all'insulina correlata all'obesità, si dovrebbe gestire l'obesità e non la resistenza all'insulina. **L'uso della metformina non è raccomandato in questo caso.**

Come agisce la metformina e quali effetti collaterali sono associati ad essa?
La metformina riduce la produzione di glucosio da parte del fegato e aumenta la sensibilità all'insulina nei tessuti aumentando il consumo di glucosio. Riduce complessivamente la resistenza all'insulina. La metformina riduce l'appetito e favorisce la riduzione del peso corporeo. A differenza di altri agenti utilizzati nel diabete di tipo 2, in particolare le sostanze che aumentano la produzione di insulina pancreatica, la metformina somministrata da sola non è associata a un rischio di bassi livelli di zucchero nel sangue. Tuttavia, si dovrebbe fare attenzione quando viene utilizzata nelle persone anziane, e non è consigliata nei pazienti con scarsa funzionalità renale e epatica. I suoi principali effetti collaterali riguardano il sistema stomaco-intestino, tra cui meteorismo, diarrea, aumento della flatulenza e per questi motivi alcune persone non la tollerano.

Esistono altri agenti per ridurre la resistenza all'insulina?
Sono in fase di indagine diversi altri farmaci, ma ancora questi non possono essere considerati come trattamenti accettati in questo campo. (Esiste un altro gruppo di farmaci mirato a ridurre la resistenza all'insulina, ma l'uso di questi composti è limitato a causa di un grave effetto collaterale legato a un composto (rosiglitazone) e alla sua rimozione dal mercato.)

È possibile avere resistenza all'insulina con un peso corporeo normale?
La resistenza all'insulina è più spesso associata a un aumento del peso corporeo e all'obesità. Ci sono casi rari, in cui la resistenza all'insulina si osserva in individui con composizione corporea normale, o addirittura magra. Questi sono di solito legati a qualche causa speciale come anticorpi contro l'insulina o il suo recettore, o alterazioni genetiche.

8

Obesità

8.1 Regolazione dell'appetito. Il tessuto adiposo come organo produttore di ormoni

Secondo i risultati della ricerca più recente, il tessuto adiposo non è solo importante per l'immagazzinamento di nutrienti ed energia, ma è un attore attivo nella regolazione del metabolismo. Il tessuto grasso (scientificamente chiamato tessuto adiposo) produce diversi ormoni e altre sostanze regolatrici che influenzano numerose funzioni del corpo. Questi includono sia sostanze che inibiscono sia sostanze che stimolano i processi infiammatori.

Diversi organi sono coinvolti nella regolazione del peso corporeo come il sistema nervoso centrale, il tessuto adiposo, il sistema stomaco-intestino, e il fegato. Numerosi ormoni sono coinvolti in questi processi regolatori. In condizioni normali, l'apporto e il consumo di energia sono in equilibrio, ma questo stato stazionario può essere facilmente alterato.

Sempre più dati supportano la rilevanza dei batteri che sono normalmente presenti nell'intestino, il cosiddetto microbioma intestinale, nella regolazione del peso corporeo. La massa totale dei batteri intestinali è sorprendente, potrebbe addirittura raggiungere 1,5 kg e quindi rappresenta uno dei nostri "organi" più grandi.

Tra gli ormoni del tessuto adiposo, uno dei più importanti è la leptina che segnala la quantità di grasso e nutrizione al cervello. La leptina riduce l'appetito e inibisce l'assunzione di cibo. Ci sono malattie ereditarie molto rare dove la leptina è assente e queste sono associate a obesità estrema, poiché manca uno dei principali inibitori dell'appetito. Oltre alla leptina, altri ormoni intestinali sono importanti nella regolazione dell'assunzione di cibo, e questi includono sia stimolatori che inibitori dell'appetito. L'ormone ghrelina prodotto dallo stomaco e dal duodeno aumenta l'appetito, mentre **il peptide 1 simile al glucagone (GLP-1)** e la colecistochinina lo inibiscono. La colecistochinina induce anche la contrazione della cistifellea. Il GLP-1 induce la sensazione di sazietà nello stomaco e inibisce il suo svuotamento, finendo così per ridurre l'assunzione di cibo. Sostanze simili al GLP-1 (i suoi analoghi) sono utilizzate come gruppo principale di farmaci per trattare l'obesità.

8.2   Obesità

Come si stabilisce una diagnosi di obesità?
Per la definizione oggettiva dell'obesità, si utilizza principalmente l'indice di massa corporea (BMI) (Box 8.1). Per calcolare il BMI, il peso corporeo in chilogrammi dovrebbe essere diviso per il quadrato dell'altezza corporea in metri (peso corporeo in kg) / (altezza corporea in m)^2.

> **Box 8.1**
>
> L'indice di massa corporea (IMC) è solitamente inferiore a 25. Si parla di sovrappeso in caso di un IMC compreso tra 25 e 29,9, mentre l'obesità è definita da un IMC superiore a 30. L'obesità è lieve se l'IMC è compreso tra 30 e 35, moderata tra 35 e 40 ed estrema oltre 40.

Cosa c'è dietro l'obesità?
L'obesità è una disfunzione metabolica causata dal disturbo a lungo termine dell'apporto e del dispendio di energia. Interessa diversi campi della medicina, tra cui l'endocrinologia. Sono noti numerosi fattori che contribuiscono all'obesità negli adulti come la predisposizione genetica, il peso corporeo della madre del soggetto durante la gravidanza, l'obesità infantile, ecc. Sono di importanza fondamentale le circostanze legate allo stile di vita, ad esempio un notevole apporto di cibo che supera il fabbisogno energetico giornaliero, la mancanza di attività fisica e un sonno inadeguato. Si sa che la quantità di tessuto adiposo aumenta lentamente con l'età. La gravidanza e la menopausa favoriscono entrambe l'obesità, così come la cessazione del fumo. Anche alcune malattie ormonali, tra cui l'ipotiroidismo (Capitolo 3.3), la sindrome dell'ovaio policistico (PCOS) (Capitolo 6.3), la sindrome di Cushing (Capitolo 5.2.2), l'insulinoma (Capitolo 9), le carenze di ormoni sessuali (Capitoli 2.5 e 6.2) e la carenza di ormone della crescita (Capitolo 2.4.2) favoriscono l'aumento di peso e l'obesità.

Quali sono i rischi dell'obesità?
L'obesità non è semplicemente un problema estetico, ma una malattia che include il pericolo di deterioramento della salute. Tra i disturbi metabolici associati all'obesità, dovrebbero essere evidenziati il diabete mellito di tipo 2 e le alterazioni dei parametri lipidici del sangue (grassi) come l'alto colesterolo e i livelli

di trigliceridi. Questi disturbi sono collegati a ulteriori rischi, come le malattie cardiovascolari, dove sono importanti anche le sostanze prodotte dal tessuto adiposo che promuovono l'infiammazione.

L'ipertensione, le malattie cardiache (malattia coronarica, insufficienza cardiaca), gli eventi cerebrali (ictus) e la alterata coagulazione del sangue venoso (trombosi) sono tutti più frequenti rispetto ai soggetti non obesi. Sono più comuni anche alcuni tumori, come i tumori del tratto stomaco-intestino (esofago, stomaco, intestino crasso, retto, cistifellea, fegato e pancreas), i tumori renali, i tumori ematologici (leucemia, linfoma). Il cancro alla prostata negli uomini, e il cancro della cervice, dell'utero e dell'ovaio nelle donne sono più comuni nell'obesità. Dopo la menopausa anche il rischio di cancro al seno è aumentato. Il peso eccessivo grava sul sistema muscoloscheletrico, e può svilupparsi un'infiammazione delle articolazioni (artrite). Anche la gotta è più frequente nell'obesità. Oltre a questi, anche la formazione di calcoli biliari, i danni renali e i calcoli renali sono diffusi. Anche il deposito di grasso nel fegato che può anche portare a danni permanenti al fegato è sempre più al centro dell'attenzione. L'obesità grave compromette la respirazione e rende più difficile il funzionamento dei muscoli respiratori. Uno dei principali problemi respiratori è l'apnea nel sonno (Box 8.2).

Box 8.2

Cos'è l'apnea nel sonno? L'apnea nel sonno, nota anche con il termine medico preciso di "apnea ostruttiva nel sonno", è una condizione medica frequente causata dal restringimento delle vie aeree superiori (faringe) durante il sonno, associata a difficoltà respiratorie. Si tratta di un problema serio, poiché il paziente colpito non riesce a riposare bene durante la notte e, di conseguenza, tende ad addormentarsi facilmente durante il giorno, aumentando il rischio di incidenti. Durante la notte sono tipici i periodi senza respiro (periodi apneici) e il russare forte. Le conseguenze a lungo termine dell'apnea nel sonno sono anch'esse gravi, poiché aumentano il rischio di ipertensione e malattie cardiovascolari. L'obesità è una delle cause più importanti di apnea nel sonno.

Oltre all'apnea nel sonno, possono svilupparsi altri disturbi respiratori, e fra questi la sindrome da ipoventilazione correlata all'obesità (precisamente **sindrome di ipoventilazione alveolare**) è una delle più gravi. A differenza dell'apnea nel sonno, questa può essere osservata anche in pazienti svegli. L'ipoventilazione significa che lo scambio d'aria nel polmone (nei cosiddetti alveoli che sono piccole bolle presenti in gran parte del polmone) non è appropriato, e quindi le quantità di ossigeno assorbito e di anidride carbonica espulsa sono insufficienti. Il principale indicatore di ipoventilazione è l'aumentata concentrazione di anidride carbonica nel sangue. Nel 90% dei pazienti con sindrome da ipoventilazione correlata all'obesità, si può diagnosticare anche l'apnea nel sonno. Questa sindrome è conosciuta anche con il nome di **Sindrome di Pickwick** che curiosamente non prende il nome da

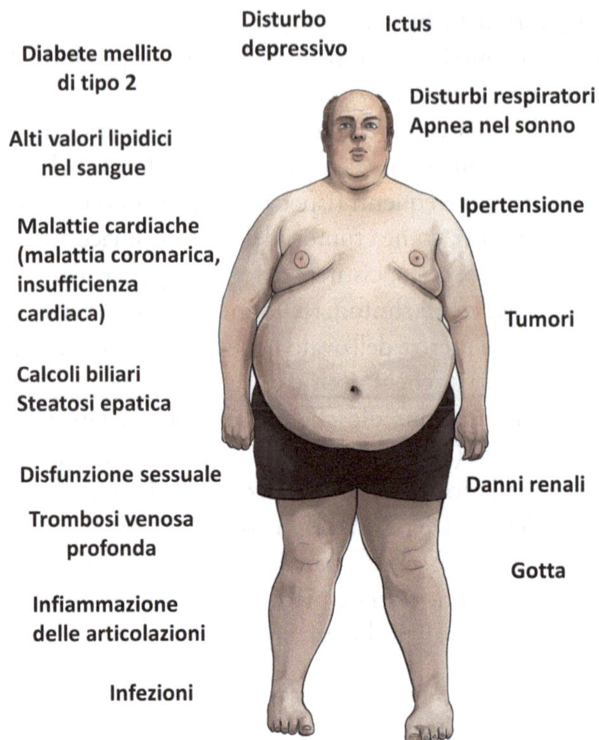

Fig. 8.1 Conseguenze dell'obesità

un medico, ma è un nome tratto dal primo romanzo del famoso scrittore inglese Charles Dickens. In questo romanzo, The Pickwick Papers, il protagonista Samuel Pickwick è gravemente obeso, si addormenta facilmente durante il giorno, con il quadro clinico che corrisponde alla descrizione precedente.

L'obesità causa anche disfunzione sessuale, in parte a causa della riduzione dei livelli di LH e FSH ipofisari (Capitolo 6.1). Le persone obese hanno un rischio aumentato di infezione e l'esito delle infezioni è peggiore rispetto ai non obesi. Questo è stato osservato anche durante l'epidemia di coronavirus (COVID), poiché il rischio di infezione da coronavirus con esito grave era aumentato nei pazienti obesi.

Fig. 8.1 mostra le conseguenze dell'obesità.

Cosa si può fare contro l'obesità?

La misura più importante che rappresenta la base di tutti i trattamenti è **il cambiamento dello stile di vita**. Esistono diverse proposte per ridurre l'apporto calorico. **L'allenamento fisico** è un elemento fondamentale del trattamento. Anche il supporto psicologico dei pazienti è importante. La maggior parte delle malattie correlate all'obesità possono essere invertite con un'efficace riduzione del peso;

ad esempio, la pressione sanguigna può tornare alla normalità e il diabete mellito di tipo 2 può scomparire. La riduzione del peso può essere ottenuta con il cambiamento dello stile di vita nella maggior parte dei pazienti, ma la difficoltà principale è spesso mantenere la riduzione di peso, poiché nella maggior parte dei casi si verifica un nuovo aumento del peso corporeo.

La restrizione calorica è il fattore più importante riguardo alla dieta. È consigliabile puntare a un apporto calorico giornaliero inferiore a 1500 kcal negli uomini e 1200 kcal nelle donne, ma questo dipende da diversi fattori, come l'attività fisica del paziente. (I pazienti che svolgono un duro lavoro fisico hanno certamente bisogno di assumere più energia.) La riduzione del consumo di carboidrati è molto importante. Si può proporre che il 45% dell'apporto calorico giornaliero sia costituito da carboidrati a rilascio lento (lentamente digeriti), il 25% da proteine, il 30% da grassi e con almeno 30 g di fibre.

Quali opzioni di trattamento sono disponibili?

Il trattamento farmacologico è indicato principalmente se l'IMC supera 30 e la riduzione del peso non è stata raggiunta con il cambiamento dello stile di vita. Il trattamento farmacologico può essere indicato in pazienti con IMC tra 27 e 30 se è presente almeno una malattia correlata all'obesità come il diabete mellito di tipo 2 (o prediabete), ipertensione, alterazioni dei lipidi del sangue o apnea nel sonno. Ci sono quattro principali classi di farmaci utilizzati oggi. Il trattamento farmacologico può essere considerato come un successo e quindi da continuare se dopo 3 mesi di trattamento si può ottenere almeno una riduzione del 5% del peso corporeo (in pazienti con diabete mellito la soglia è del 3%).

I migliori risultati possono essere ottenuti con analoghi (Box 8.3) degli **ormoni incretinici** prodotti nel sistema digestivo. Gli analoghi del peptide 1 simile al glucagone (GLP-1) sono i più importanti. Gli analoghi del GLP-1 aumentano la produzione di insulina, riducono l'appetito e rallentano lo svuotamento dello stomaco inducendo così la sensazione di sazietà. Queste sostanze sono state introdotte inizialmente per il trattamento del diabete mellito di tipo 2 (Capitolo 7, Box 7.4), ma oggi sono diventate una efficace opzione di trattamento per la cura dell'obesità in casi meno specifici.

> **Box 8.3**
>
> Un **analogo** è simile alla molecola originale e si lega allo stesso recettore. Gli analoghi sono spesso più stabili delle molecole originali e quindi più facilmente utilizzabili.

I due principali analoghi del GLP-1 sono la **liraglutide** e la **semaglutide**. Entrambi sono somministrati come iniezioni sottocutanee: semaglutide una volta alla settimana, mentre liraglutide una volta al giorno. Un nuovo analogo (**tirze-**

patide), che agisce su due recettori diversi (agonista duale) e che sembra essere ancora più efficace, è stato sviluppato recentemente. La tirzepatide viene somministrata anch'essa tramite iniezioni settimanali. Questi sono generalmente ben tollerati ma possono causare disturbi addominali come nausea e diarrea. Un raro effetto collaterale grave è la pancreatite acuta. (La pancreatite acuta è una malattia grave associata a dolore addominale intenso, principalmente a sinistra o a cintura. Richiede il ricovero in ospedale.).

Altri farmaci sono usati meno frequentemente. Secondo studi recenti, la loro efficacia e i profili di effetti collaterali sono meno favorevoli rispetto a quelli degli analoghi del GLP-1.

Orlistat inibisce l'enzima responsabile della degradazione dei grassi (lipasi) e quindi inibisce l'assorbimento dei grassi dall'intestino. Questo meccanismo d'azione è correlato a effetti collaterali spiacevoli tra cui feci grasse, distensione e altri disturbi addominali. Il terzo gruppo di farmaci inibisce l'appetito agendo principalmente sul sistema nervoso centrale e include il farmaco combinato **bupropione-naltrexone**. Il bupropione inibisce la ricaptazione (reuptake) della dopamina nei neuroni, ed è quindi usato nel trattamento della depressione e per smettere di fumare. Il naltrexone blocca i recettori degli oppioidi ed è usato in alcuni paesi per trattare l'alcolismo e per cessare l'uso di droghe di tipo oppioide. (La morfina e l'eroina sono esempi tipici.) La combinazione di questi due agenti riduce efficacemente l'appetito e può essere vantaggiosa per i pazienti che vogliono smettere di fumare insieme alla riduzione del peso. (Smettere di fumare è spesso associato all'obesità.) Gli effetti collaterali più frequenti del bupropione-naltrexone includono mal di testa, nausea e stitichezza insieme a diversi altri effetti collaterali. Il suo profilo di effetti collaterali cardiovascolari non è ancora chiaro, poiché potrebbe aumentare la pressione sanguigna e la frequenza cardiaca.

La combinazione **fentermina-topiramato** può essere particolarmente utile nei pazienti che non tollerano gli agonisti del GLP-1. Poiché il suo componente topiramato potrebbe essere associato a malformazioni fetali se assunto durante la gravidanza, è principalmente utilizzato nelle donne dopo la menopausa. La fentermina è un farmaco che stimola il metabolismo attraverso l'attivazione del sistema nervoso autonomo (similmente alla droga narcotica anfetamina), mentre il topiramato riduce l'appetito e aumenta la sensazione di sazietà. Anche l'ipertensione e la malattia coronarica rappresentano controindicazioni a questa terapia. Gli effetti collaterali comuni includono aumento della frequenza cardiaca e problemi psichiatrici (ad es. ansia). La fentermina-topiramato non è disponibile in tutti i paesi.

È possibile trattare chirurgicamente l'obesità?

I casi più gravi di obesità che non rispondono al cambiamento dello stile di vita o alla terapia farmacologica possono essere presi in considerazione per un intervento chirurgico. Le tecniche chirurgiche utilizzate per trattare l'obesità sono note con il termine di **chirurgia bariatrica**. Di solito questa viene presa in considerazione nei casi con un IMC di 40 e nei casi con BMI tra 35 e 40 associato a malattia concomitante. La chirurgia bariatrica è il metodo più rapido e più efficiente di riduzione del peso corporeo, ma rappresenta anche l'intervento più serio. Come con altre tecniche chirurgiche, possono verificarsi complicazioni. La chirurgia bariatrica agisce attraverso due vie principali: riducendo la capacità di assunzione di cibo dello stomaco o diminuendo l'assorbimento del cibo. Prima di eseguire l'intervento chirurgico, i pazienti dovrebbero essere esaminati accuratamente per escludere cause specifiche che possono essere trattate direttamente (come la sindrome di Cushing o l' ipotiroidismo).

9

Tumori neuroendocrini e sindromi associate

Il sistema neuroendocrino è composto da organi neuroendocrini e cellule neuroendocrine sparse nel corpo. Il termine si riferisce alla comune caratteristica che hanno le cellule, i tessuti e gli organi neuroendocrini – ovvero caratteristiche sia nervose che di produttrici di ormoni. Il gruppo degli organi neuroendocrini include l'ipofisi, le paratiroidi, la midollare surrenale e le isole endocrine del pancreas che producono ormoni. Le cellule neuroendocrine sparse si trovano in vari organi del corpo. Le cellule neuroendocrine sono particolarmente abbondanti nelle mucose del sistema digestivo e respiratorio. Queste cellule sono coinvolte in importanti processi di regolazione e producono diversi ormoni. Anche le cellule C della tiroide produttrici di calcitonina appartengono al sistema neuroendocrino. Le malattie dell'ipofisi, della paratiroide e della midollare surrenale sono discusse nei corrispondenti capitoli del libro. Questo capitolo tratta dei tumori che originano dalle cellule neuroendocrine sparse, principalmente dal sistema digestivo. Questi tumori sono rari, poiché si prevedono 3–4 nuovi casi all'anno in una popolazione di 100.000 persone. Tuttavia, la loro incidenza sta aumentando gradualmente, principalmente a causa delle migliori modalità diagnostiche disponibili oggi.

Perché i tumori neuroendocrini sono peculiari?

I tumori neuroendocrini sono stati riconosciuti alla fine del XIX secolo come un gruppo di tumori, la cui apparenza istologica assomigliava a quella dei tumori maligni (carcinomi), ma il loro comportamento clinico non era così grave, poiché crescevano lentamente e la sopravvivenza dei pazienti colpiti era molto più lunga rispetto ai pazienti affetti da carcinomi. Questi tumori sono stati inizialmente denominati **carcinoidi**, intendendo carcinoma-simile, ma non un vero carcinoma. Oggi, il termine tumore neuroendocrino è preferito al posto di carcinoide. La prima descrizione dei tumori neuroendocrini, che includeva quelli a crescita lenta

© The Author(s), under exclusive license to Springer Nature Switzerland AG 2026
P. Igaz, *Malattie ormonali*, https://doi.org/10.1007/978-3-032-16514-5_9

e con una buona prognosi, è valida solo per le loro forme ben differenziate. Sfortunatamente, sono noti anche forme di tumori neuroendocrini poco differenziate (cancro neuroendocrino) che crescono rapidamente e nei quali la sopravvivenza dei pazienti colpiti può essere breve. Sono noti diversi tipi di tumori neuroendocrini. Sebbene il sistema neuroendocrino sia in grado di produrre ormoni, la maggior parte dei tumori neuroendocrini (più di 2/3) non ne produce.

Come vengono classificati i tumori neuroendocrini?

Esistono diverse classificazioni. Una delle più importanti classificazioni da un punto di vista pratico si basa sulle caratteristiche istologiche dei tumori neuroendocrini. Fra queste, il tasso di proliferazione cellulare è un fattore importante. Se in base all'analisi istologica il tasso di proliferazione è inferiore al 2%, si usa il termine G1 (grado 1). I tumori G2 sono caratterizzati da tassi di divisione cellulare tra il 3 e il 20%, mentre nei G3 sono oltre il 20%. La maggior parte dei tumori ben differenziati appartiene alle categorie G1 e G2. I tumori poco differenziati sono G3. In generale, più basso è il tasso di proliferazione, migliore è la prognosi. Dovrebbe essere sottolineato, tuttavia, che anche se il tasso di proliferazione cellulare è inferiore all,1%, non possiamo considerare questi tumori come benigni, poiché anche un tumore con il tasso di proliferazione più basso può produrre metastasi.

Come possiamo riconoscere i tumori neuroendocrini che non producono ormoni?

I tumori ormonalmente inattivi vengono riconosciuti per lo più accidentalmente, ad es. durante l'imaging (TC o RM) eseguito a causa del sospetto di altre malattie, o anche tramite endoscopia o addirittura durante un intervento chirurgico. I tumori di grandi dimensioni o che producono metastasi possono causare sintomi generici di tumore come perdita di peso, perdita di appetito, sudorazione notturna.

Quali sintomi potrebbero essere correlati ai tumori neuroendocrini che producono ormoni?

Gli ormoni prodotti dai tumori neuroendocrini possono causare vari sintomi clinici. Alcuni tumori sono associati a **sindromi paraneoplastiche** (Capitolo 7, Box 1.7). Come presentato in precedenza, le sindromi paraneoplastiche comprendono sintomi correlati al tumore che non sono causati dalla crescita o dal potenziale metastatico di un tumore, ma sorgono a causa di sostanze prodotte dal tumore o reazioni immunitarie indotte dal tumore. Le sindromi endocrine paraneoplastiche sono causate dagli ormoni e portano a vari sintomi. La sindrome endocrina paraneoplastica più tipica relativa ai tumori neuroendocrini è la sindrome da carcinoide, ma nel complesso è rara. Anche i tumori neuroendocrini che originano dalle isole pancreatiche possono essere associati a sindromi caratteristiche (gastrinoma, insulinoma, glucagonoma e VIPoma).

Cos'è la sindrome da carcinoide?

La sindrome da carcinoide si riscontra principalmente nei tumori neuroendocrini dell'intestino tenue che producono **serotonina** e che danno molteplici metastasi epatiche. La serotonina è principalmente un importante trasmettitore di segnale tra i neuroni (neurotrasmettitore). Ha ruoli importanti sia nel funzionamento del cervello che dell'intestino. I farmaci che influenzano la serotonina cerebrale sono fondamentali nel trattamento di varie malattie psichiatriche come la depressione. Nel linguaggio comune, la serotonina è considerata uno degli "ormoni della felicità". Se un tumore neuroendocrino e le sue metastasi epatiche rilasciano grandi quantità di serotonina nel circolo sanguigno, quest si comporterà come un ormone e porterà a diversi sintomi. Questi includono diarrea grave, e arrossamento improvviso tipicamente visibile sul viso e sulla parte superiore del corpo, per lo più senza sudorazione (Fig. 9.1a). Nel corso di molti anni, l'arrossamento può diventare cronico, provocando una colorazione permanente del viso (Fig. 9.1b). Potrebbero verificarsi anche difficoltà respiratorie. Nonostante la produzione eccessiva di serotonina, i pazienti affetti da sindrome da carcinoide non hanno una sensazione travolgente di "felicità" (piuttosto il contrario). Questo non è sorprendente poiché il livello di serotonina nel cervello non è influenzato.

Cos'è la malattia cardiaca da carcinoide?

La malattia cardiaca da carcinoide si riscontra principalmente in pazienti con molteplici metastasi epatiche. La serotonina induce l'ispessimento dello strato interno del cuore chiamato endocardio. Questo colpisce principalmente le val-

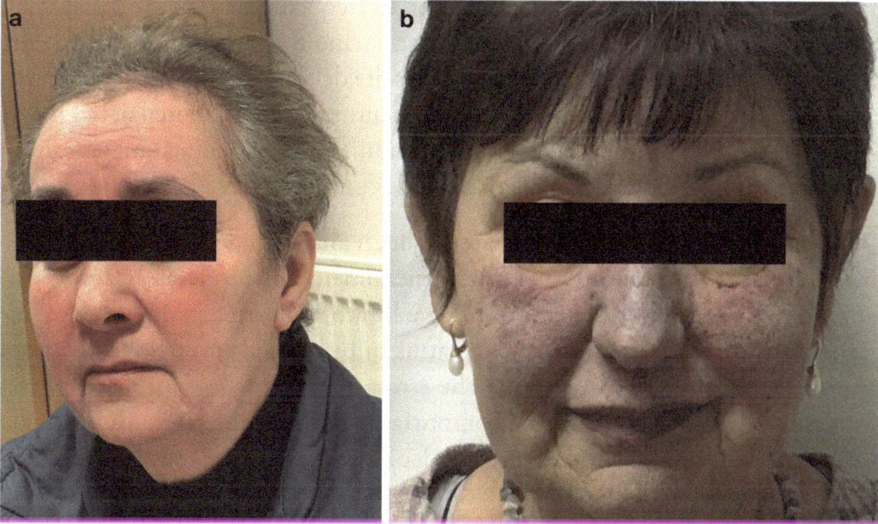

Fig. 9.1 Un flush acuto (**a**) e un flush cronico (**b**) nella sindrome da carcinoide. (La figura è stata originariamente pubblicata in "Practical Clinical Endocrinology", Ed: Peter Igaz, Springer, 2021 – riprodotta con permesso)

vole del lato destro del cuore. Il sangue, ricco di serotonina proviene dal fegato metastatico e entra nel lato destro del cuore. Poi, il sangue prosegue il suo viaggio attraverso la circolazione nei polmoni, che degradano la serotonina, risparmiando così la parte sinistra del cuore. Questo è un fenomeno piuttosto insolito, poiché la maggior parte delle malattie delle valvole cardiache colpisce il lato sinistro del cuore. I problemi alle valvole possono portare a insufficienza cardiaca.

Quali analisi di laboratorio possono essere utilizzate per diagnosticare la sindrome da carcinoide?

Il prodotto di degradazione della serotonina, 5-HIAA, viene determinato nella raccolta urinaria. L'urina dovrebbe essere raccolta per 24 ore in una bottiglia scura (o avvolta in foglio d'argento) contenente un ambiente acido (Capitolo 1, Box 1.11). Un lieve aumento di 5-HIAA non è sospetto per la sindrome da carcinoide, lo è solo se il suo valore è almeno il doppio del limite superiore del normale. Sfortunatamente, i livelli di 5-HIAA sono aumentati da diversi alimenti che dovrebbero essere evitati nei 2 giorni prima e anche il giorno della raccolta delle urine. Questi includono frutta mediterranea e tropicale, pomodoro, avocado, noci, caffè e tè. Oltre al 5-HIAA, anche il marker tumorale generico per i tumori neuroendocrini, la cromogranina A, è solitamente elevata. (Altri marker sono in fase di studio, come la serotonina stessa nel sangue o nelle urine, ma questi non sono ancora così affidabili e diffusi).

Come può essere trattata la sindrome da carcinoide?

L'opzione di trattamento più efficace e diffusa è l'uso degli analoghi della somatostatina (octreotide e lanreotide) che inibiscono efficacemente la produzione di ormoni da parte dei tumori neuroendocrini. La frequenza di rossore e diarrea può essere ridotta dagli analoghi della somatostatina. Inoltre, nuovi dati mostrano che queste sostanze possono anche inibire la crescita del tumore, e quindi rappresentano ora la base del trattamento dei tumori neuroendocrini differenziati. I nuovi analoghi della somatostatina vengono somministrati una volta al mese tramite iniezione, garantendo una somministrazione confortevole.

Quali sono i potenziali effetti collaterali degli analoghi della somatostatina?

Gli analoghi della somatostatina sono generalmente ben tollerati. Il loro principale effetto collaterale a lungo termine è legato alla formazione di calcoli biliari, poiché gli analoghi della somatostatina inibiscono la produzione di diversi ormoni, tra cui la colecistochinina che è responsabile della contrazione della cistifellea. La ridotta contrazione comporta un maggiore ristagno di bile nella cistifellea che facilita la formazione di calcoli biliari. Se si prevede la somministrazione di analoghi della somatostatina, la cistifellea può essere rimossa profilatticamente durante l'intervento chirurgico per i tumori neuroendocrini. Oltre alla formazione di calcoli biliari, gli analoghi della somatostatina possono avere altri effetti collaterali, tra cui diarrea o peggioramento dei livelli di zucchero nel sangue. Quest'ultimo può persino portare allo sviluppo del diabete mellito o al peggioramento del diabete esistente. Tuttavia, questi possono essere gestiti efficacemente e i vantaggi degli analoghi della somatostatina superano di gran lunga i loro svantaggi.

Ci sono altre opzioni per il trattamento della sindrome da carcinoide?

L'interferone ha un'efficacia simile agli analoghi della somatostatina, ma con molti più effetti collaterali. Pertanto, viene raramente utilizzato. Un nuovo agente, **telotristat etile** inibisce la principale reazione enzimatica nella sintesi della serotonina ed è quindi un farmaco promettente nel trattamento sintomatico della sindrome da carcinoide riducendo la frequenza delle contrazioni intestinali e quindi la diarrea.

Cosa dire dei tumori neuroendocrini del pancreas?

La sovrapproduzione di gastrina (gastrinoma), insulina (insulinoma), glucagone (glucagonoma) e VIP (peptide intestinale vasoattivo – VIPoma) sono associati a quadri clinici caratteristici. Molto raramente (in un individuo su 40 milioni di persone in un anno), può verificarsi anche una sovrapproduzione di somatostatina che si caratterizza per la formazione di calcoli biliari, peggioramento dei livelli di glucosio nel sangue e feci grasse.

Quali sono le caratteristiche cliniche del gastrinoma?

La gastrina è un ormone che stimola la produzione di acido gastrico, e tra i primi ormoni scoperti. Normalmente è prodotto in grandi quantità dallo stomaco stesso. I tumori che producono gastrina in eccesso si trovano però principalmente nel pancreas o nel duodeno (il primo segmento dell'intestino tenue). La sovrapproduzione di gastrina porta alla formazione di ulcere nello stomaco e nel duodeno, e il sospetto si solleva se in un individuo vengono diagnosticate ulcere ricorrenti allo stomaco o al duodeno. I sintomi della sovrapproduzione di gastrina includono dolore addominale, bruciore di stomaco, diarrea e feci sanguinolente. Circa un quarto dei casi di gastrinoma sono correlati a una sindrome tumorale ereditaria, la **neoplasia endocrina multipla di tipo 1** (Capitolo 10). Lo screening per questa rara sindrome è giustificato in pazienti con gastrinoma, soprattutto nei giovani. I sintomi del gastrinoma sono efficacemente bloccati dagli inibitori della pompa protonica utilizzati ampiamente oggi nel trattamento anti-acido (come pantoprazolo, esomeprazolo). La presenza di un gastrinoma dovrebbe essere sospettata se l'ulcera ricompare via e via di nuovo dopo che la terapia con inibitori della pompa protonica è stata interrotta. Il gastrinoma è spesso maligno e dà metastasi al fegato.

A cosa porta la sovrapproduzione di insulina?

La sovrapproduzione di insulina porta a ridotti livelli di glucosio (zucchero) nel sangue e quindi a malessere. Questo viene chiamato basso livello di glucosio spontaneo (**ipoglicemia**) in contrasto con quei casi in cui i farmaci utilizzati per trattare il diabete mellito provocano un basso livello di glucosio nel sangue come effetto collaterale.

Cos'è l'ipoglicemia e quali sintomi sono associati ad essa?

Oggi, sono considerati bassi i livelli di glucosio nel sangue inferiori a 3 mmol/L (54 mg/dL) in individui non diabetici. Questo valore vale per i campioni di sangue venoso analizzati in laboratorio (Box 9.1). I bassi livelli di glucosio nel sangue sono correlati a due gruppi di sintomi: i. cosiddetti sintomi vegetativi e ii. disfunzione del sistema nervoso centrale. I sintomi vegetativi includono sudorazione, palpitazioni, tremori, ansia e fame. Le catecolamine (epinefrina e norepinefrina, Capitolo 5.3) rilasciate dalla midollare surrenale e dal sistema nervoso autonomo sono responsabili di questi sintomi. Poiché il glucosio è il principale nutriente del cervello, l'ipoglicemia altera il funzionamento del sistema nervoso centrale che nei casi lievi si manifesta come vertigini, debolezza e sonnolenza, ma se l'ipoglicemia dura più a lungo e non viene trattata può persino portare al coma e alla morte.

Box 9.

È importante notare che il monitoraggio della glicemia attraverso la puntura delle punte delle dita utilizzato per il controllo del diabete a casa è utile, ma non sufficiente da solo per verificare i bassi livelli di glucosio nel sangue indotti da una sovrapproduzione di insulina. Per questa , sono necessari campioni di sangue prelevati da sangue venoso e analizzati in laboratorio.

Quando dovremmo considerare un insulinoma?

Il sospetto di insulinoma si solleva se il paziente presenta ripetuti episodi di ipoglicemia associati a bassi livelli di glucosio nel sangue confermati in laboratorio, che inoltre si associano ai tipici sintomi, che vengono rapidamente risolti con l'assunzione di glucosio. (I tre sintomi principali sono chiamati **Triade di Whipple** in omaggio al primo medico che l'ha descritta.) I pazienti affetti da insulinoma spesso si lamentano di ripetute confusioni che possono essere gestite mangiando zucchero. Poiché l'insulina è un ormone anabolico che contribuisce alla costruzione di grandi molecole (carboidrati, lipidi e proteine), e i pazienti affetti devono mangiare frequentemente per compensare i bassi livelli di glucosio nel sangue, il peso corporeo dei pazienti affetti da insulinoma di solito aumenta. Al contrario del gastrinoma, l'insulinoma raramente produce metastasi.

Cosa è necessario per stabilire una diagnosi di insulinoma?

Come per altre malattie ormonali, prima dovrebbero essere effettuate le misurazioni degli ormoni. Nel caso di bassi livelli di zucchero nel sangue indotti dall'insulina, il livello di insulina è aumentato, mentre nell'ipoglicemia indotta da altre cause, il livello di insulina è basso. Per la diagnosi di un insulinoma, è necessaria la dimostrazione di bassi livelli di glucosio nel sangue insieme a un elevato livello di insulina. Poiché non possiamo prevedere quando si verificherà l'ipoglicemia spontanea, si preferisce l'induzione di bassi livelli di zucchero nel sangue, che può essere ottenuta con un test di digiuno di 72 ore eseguito in ospedale. Il paziente può bere acqua durante il test di digiuno ma non può mangiare. Se i bassi livelli di zucchero nel sangue sono causati da una sovrapproduzione di insulina, allora nel 90% dei pazienti si osserva entro i due giorni del test uno spontaneo basso livello di zucchero nel sangue. Insieme all'insulina, viene anche misurato il **C-peptide** che viene prodotto durante la formazione dell'insulina, e questo confermerebbe che l'insulina prodotta all'interno del corpo è responsabile dei sintomi. D'altra parte, se i bassi livelli di zucchero nel sangue sono provocati iniettando preparazioni di insulina sintetica che mancano di C-peptide, non verrà rilevato un aumento del C-peptide. Quest'ultimo caso è principalmente osservato in pazienti affetti da malattie mentali.

Quali altri tipi di tumori pancreatici produttori di ormoni sono conosciuti?

Sebbene il gastrinoma e l'insulinoma siano piuttosto rari, la sovrapproduzione di glucagone e VIP è ancora più infrequente. Il glucagone è un ormone che aumenta il glucosio nel sangue, e quindi non è sorprendente che la sua sovrapproduzione risulti in un peggioramento dell'omeostasi del glucosio nel sangue o addirittura in diabete mellito. Oltre a questi, il glucagonoma può essere associato ad altri sintomi paraneoplastici (Capitolo 1, Box 1.7: sintomi che non sono correlati alla dimensione del tumore o al comportamento metastatico, ma dovuti a sostanze prodotte dal tumore, o reazioni immunitarie indotte dallo stesso) come una grave malattia della pelle e trombosi venosa errante. Il sospetto di glucagonoma è spesso sollevato dai dermatologi. La sovrapproduzione di VIP porta a diarrea grave, bassi livelli di potassio e ridotta produzione di acido gastrico, ma è molto raro (è previsto circa 1 nuovo caso all'anno su 10 milioni di persone).

Cos'è la cromogranina A?

Il livello ematico della proteina **cromogranina A** è aumentato nella maggior parte dei tumori neuroendocrini, ma anche in altri tumori e malattie. È più utile per il follow-up dei tumori che non per la loro diagnosi, poiché i suoi livelli ematici correlano con la massa tumorale. (Box 9.2). I livelli di cromogranina A possono aumentare a causa della crescita del tumore o delle metastasi, e possono essere ridotti da un trattamento riuscito. E' quindi definita un marcatore tumorale per i tumori neuroendocrini.

> **Box 9.2**
>
> **Importante!** I livelli di Cromogranina A aumentano con i trattamenti volti a ridurre la produzione di acido gastrico, in particolare con gli inibitori della pompa protonica più efficaci (come pantoprazolo, esomeprazolo, omeprazolo). Questi farmaci dovrebbero essere interrotti 10–14 giorni prima della misurazione della Cromogranina A.

Quali tecniche di imaging sono disponibili per trovare tumori neuroendocrini?
Le tecniche di imaging tradizionali come l'ecografia addominale, la TC e la RM sono certamente utili, ma hanno una sensibilità variabile nel rilevare i tumori più piccoli. L'ecografia endoscopica è molto efficace per trovare piccoli tumori pancreatici, poiché il rilevatore di ultrasuoni è introdotto vicino al pancreas da uno strumento che assomiglia a un endoscopio convenzionale. Lo strumento è introdotto attraverso la bocca, l'esofago e lo stomaco fino al duodeno. Il rilevamento dei recettori della somatostatina è uno dei principali metodi attuali per l'imaging dei tumori neuroendocrini (cosiddetto imaging biologico o funzionale) (Fig. 9.2). Non dovremmo dimenticare le routine endoscopiche dello stomaco e del grosso intestino (gastroscopia e colonscopia) che sono piuttosto importanti anche nel trovare tumori neuroendocrini.

Quali possibilità di trattamento sono disponibili?
Purtroppo, i tumori neuroendocrini vengono per lo più riconosciuti dopo lo sviluppo di molteplici metastasi. Questo vale sia per i tumori che non producono ormoni che per i tumori associati alla sindrome da carcinoide, poiché la sindrome da carcinoide si verifica per lo più in pazienti con molteplici metastasi epatiche. Se sono presenti molteplici metastasi, la malattia tumorale di solito non può essere completamente curata. Nel caso di tumori del pancreas produttori di ormoni come l'insulinoma, dove i sintomi tipici portano alla diagnosi, questa può essere stabilita precocemente in stadi senza metastasi. Questi casi possono essere completamente curati con la rimozione chirurgica del tumore.

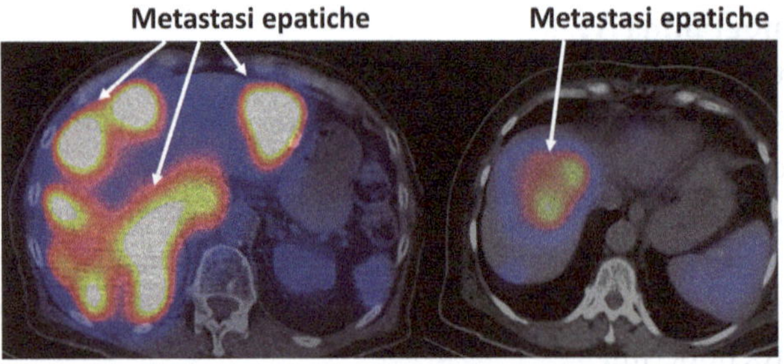

Fig. 9.2 Metastasi epatiche mostrate da imaging biologico/funzionale utilizzando analoghi della somatostatina legati all'isotopo. Le metastasi sono segnate da frecce

La progressione dei tumori neuroendocrini ben differenziati è lenta, e si può prevedere una lunga sopravvivenza del paziente che consente l'applicazione di diversi protocolli di trattamento. Al contrario, la prognosi del cancro neuroendocrino scarsamente differenziato è scarsa.

Il trattamento dei tumori neuroendocrini richiede la cooperazione di diverse specialità mediche, dove gli specialisti si riuniscono in un cosiddetto team multidisciplinare che stabilisce il piano di trattamento o qualsiasi modifica. Il trattamento delle malattie metastatiche è guidato da oncologi, endocrinologi e specialisti in gastroenterologia che si occupano di malattie dello stomaco-intestino. Il trattamento si basa sull'analisi istologica del tumore, e quindi la anatomia patologica è di fondamentale importanza (Box 9.3).

Box 9.3

Cos'è la anatomia patologica? La anatomia patologica è una delle branche più antiche e importanti della medicina che ha un'importanza primaria nella diagnosi delle malattie e nella scoperta delle loro origini. Per molto tempo, il compito principale della anatomia patologica era limitato alla dissezione dei morti, ma con l'apparizione dell'istologia e l'analisi dei campioni derivati da pazienti vivi, si è rivelata uno dei metodi più importanti per la diagnosi di malattia. **L'istologia** indaga la struttura e la composizione cellulare dei tessuti attraverso l'analisi microscopica. Oggi, l'istologia sta diventando sempre più precisa, e sono disponibili anche analisi assistite da computer. È emersa anche la scienza della patologia molecolare, dove l'analisi genetica molecolare dei campioni dei pazienti, comprese le mutazioni del DNA (Capitolo 1.2), e dei modelli di espressione del DNA e dell'RNA permette un trattamento personalizzato dei pazienti come parte della **medicina di precisione/personalizzata**.

I radiologi non solo eseguono le necessarie indagini di imaging ma sono coinvolti anche nel trattamento. Possono essere eseguiti interventi radiologici come la distruzione delle metastasi epatiche mediante l'iniezione di sostanze che chiudono le arterie che alimentano il tumore (chemoembolizzazione) o con il calore. Il campo della medicina nucleare, che si occupa di isotopi radioattivi, esegue l'imaging biologico (funzionale) e i trattamenti con isotopi associati con analoghi della somatostatina. In questo modo, i radioisotopi sono legati agli analoghi della somatostatina, i quali portano gli isotopi distruttori di tumori direttamente alle cellule tumorali consentendo una terapia altamente efficace e mirata.

Essendo tumori, anche la chirurgia è di fondamentale importanza. La resezione chirurgica può essere eseguita anche in stadi metastatici di tumori neuroendocrini differenziati, poiché la riduzione della massa tumorale (debulking) permette ulteriori possibilità di trattamento. Inoltre, un notevole numero di tumori neuroendocrini viene riconosciuto accidentalmente, durante interventi chirurgici eseguiti per altre cause. Ad esempio, i tumori neuroendocrini si trovano in ogni 150–200 appendici rimosse durante appendicectomie.

Diverse possibilità di trattamento sono disponibili per i tumori neuroendocrini ben differenziati, tra cui **analoghi della somatostatina, farmaci che mirano a specifiche vie molecolari (trattamenti mirati)** nello sviluppo del tumore, metodi radiologici interventistici, chirurgia di de-bulking, ecc. Il pilastro del trattamento dei tumori neuroendocrini scarsamente differenziati (cancro neuroendocrino) si basa sulla chemioterapia sistemica che coinvolge agenti che inibiscono la proliferazione cellulare. Sfortunatamente, questi agenti inibiscono la proliferazione cellulare in modo non selettivo, quindi tutte le cellule che proliferano rapidamente sono colpite, non solo le cellule tumorali.

10

Sindromi delle Neoplasie Endocrine Multiple

Il biblico Golia e la Neoplasia Endocrina Multipla (Box 10.1)

Golia era un guerriero filisteo che incuteva paura ai suoi nemici per la sua enorme statura e forza. Nella nota storia descritta nella Bibbia, Davide, il giovane pastore, riuscì a sconfiggerlo colpendo la sua testa con una pietra lanciata da una fionda. Non esistono prove archeologiche che questa storia sia realmente accaduta, ma l'aspetto di Golia ha ispirato la fantasia di alcuni endocrinologi. I giganti sono sempre stati al centro dell'interesse medico, poiché la sovrapproduzione dell'ormone della crescita è responsabile di una gran parte dei casi di gigantismo (Capitolo 2.4.1). Nella Bibbia è scritto che anche i fratelli di Golia erano enormi, suggerendo quindi la possibilità di una predisposizione genetica. Inoltre, Golia aveva frequenti accessi di rabbia che contribuivano alla sua temibile reputazione.

> **Box 10.1**
>
> Il gruppo delle **neoplasie endocrine multiple** include malattie ereditarie in cui si verificano tumori (neoplasie) di diversi organi endocrini nella stessa persona. Questi non sono metastasi, ma tumori primari di organi diversi. Il termine neoplasia endocrina multipla (abbreviato in MEN) include diverse sindromi. Le più tipiche sono MEN1 e MEN2, ma esistono anche diverse altre malattie con un background genetico. Queste malattie seguono per lo più un modello di ereditarietà autosomica dominante (Capitolo 1.2), quindi se un genitore ha la malattia, i figli hanno il 50% di probabilità di ereditare la malattia. In altre parole, la malattia si manifesta in circa la metà dei figli.

P. Igaz, *Malattie ormonali*, https://doi.org/10.1007/978-3-032-16514-5_10

Questa storia solleva diverse domande da un punto di vista medico:

- Come ha fatto Davide a uccidere un guerriero così enorme con un solo colpo di fionda?
- È possibile che Golia non abbia visto la pietra lanciata contro di lui?
- Come ha potuto una pietra probabilmente piccola rompere il forte cranio di Golia?

Basandosi su queste domande, è stata avanzata l'ipotesi che Golia potesse aver sofferto di una rara malattia genetica chiamata **neoplasia endocrina multipla di tipo 1**.

La neoplasia endocrina multipla di tipo 1 (MEN1) include tre principali tumori: i. un tumore paratiroideo o iperplasia che porta a iperparatiroidismo primario (paratiroidi iperfunzionanti) (Capitolo 4.2.1), ii. tumori neuroendocrini del pancreas e dell'intestino tenue (Capitolo 9), e iii. adenomi ipofisari (Capitolo 2.2). Due di queste tre manifestazioni, il tumore ipofisario e l'iperparatiroidismo primario, potrebbero aver avuto un ruolo importante sia nell'aspetto che nella morte di Golia.

Il gigantismo di Golia potrebbe essere stato causato da un tumore ipofisario che produce in eccesso l'ormone della crescita. La maggior parte di tali tumori sono di grande dimensione, cosiddetti macroadenomi, noti per essere in grado di causare difetti del campo visivo a causa della compressione del nervo ottico (chiasma ottico) (Capitolo 2.2). Il difetto del campo visivo potrebbe spiegare (Fig. 2.5) perché Golia non riuscì a individuare la pietra lanciata contro di lui e quindi non poté evitarla. La conseguenza più frequente della sindrome MEN1 è l'iperparatiroidismo primario che provoca osteoporosi. L'iperparatiroidismo primario può portare a una osteoporosi grave in cui le ossa diventano fragili e si rompono anche a causa di lievi traumi. Queste manifestazioni della malattia potrebbero essere associate all'effetto fatale della pietra fiondata sul cranio di Golia. Infine, è stata ipotizzata anche una certa associazione con i tumori neuroendocrini pancreatici che si verificano nella MEN1, come sostenuto da alcuni autori per i quali gli accessi di rabbia di Golia potrebbero essere correlati alla presenza di un potenziale insulinoma (Capitolo 9) che potrebbe provocare sintomi neurologici come confusione e persino comportamento aggressivo a causa della riduzione dei livelli di zucchero nel sangue. Fig. 10.1 presenta i potenziali tumori di Golia e le loro conseguenze.

È importante notare che la descrizione precedente è solo un ipotesi senza alcuna prova scientifica disponibile. Tuttavia, come ipotesi, è piuttosto interessante e aiuta a comprendere e memorizzare i principali indizi di questa malattia. Non esistono prove archeologiche dell'esistenza di Golia. Al contrario, è ben noto che i guerrieri con la fionda erano importanti e temuti nell'antichità, ad esempio nell'esercito romano. Quindi, non può essere escluso che un colpo di fionda ben diretto possa essere fatale anche senza la presenza della sindrome MEN1.